高等职业院校基于工作过程项目式系列教程

人工智能 API 调用项目式教程

陕西工商职业学院
天津滨海迅腾科技集团有限公司　编著
归达伟　贺国旗　主编

U0259487

天津大学出版社
TIANJIN UNIVERSITY PRESS

图书在版编目(CIP)数据

人工智能API调用项目式教程/陕西工商职业学院,
天津滨海迅腾科技集团有限公司编著;归达伟,贺国旗
主编.--天津:天津大学出版社,2024.6
高等职业院校基于工作过程项目式系列教程
ISBN 978-7-5618-7725-8

Ⅰ.①人… Ⅱ.①陕… ②天… ③归… ④贺… Ⅲ.
①人工智能－高等职业教育－教材 Ⅳ.①TP18

中国国家版本馆CIP数据核字(2024)第101223号

RENGONG ZHINENG API DIAOYONG XIANGMUSHI
JIAOCHENG

主　编：归达伟　贺国旗
副主编：陈军章　韦　钰　梁国辉
　　　　张明宇　焦方俊

出版发行　天津大学出版社
地　　址　天津市卫津路92号天津大学内（邮编：300072）
电　　话　发行部：022-27403647
网　　址　www.tjupress.com.cn
印　　刷　廊坊市海涛印刷有限公司
经　　销　全国各地新华书店
开　　本　787 mm×1092 mm　1/16
印　　张　15
字　　数　374千
版　　次　2024年6月第1版
印　　次　2024年6月第1次
定　　价　59.00元

前　　言

本书紧紧围绕"以行业及市场需求为导向,以职业专业能力为核心"的编写理念,融入符合习近平新时代中国特色社会主义思想的新政策、新需求、新信息、新方法,以课程思政主线和实践教学主线贯穿全书,突出职业特点,落地岗位工作过程。

本书采用以项目驱动为主体的编写模式,通过项目驱动,实现知识传授与技能培养并重。通过分析对应知识、技能与素质要求,确立每个项目的知识与技能组成,并对内容进行甄选与整合。每个项目都设有学习目标、学习路径、任务描述、任务技能、任务实施、任务总结、英语角和任务习题。结构体例清晰、内容详细,任务实施是整本书的精髓部分,有效地考查了学习者对知识和技能的掌握程度和拓展应用能力。

本书从基本的理论出发,由浅入深地讲解应用程序编程接口(API)调用方面的知识,对应用程序编程接口基本概念、分类以及接口核心内容进行讲解,使读者掌握部分人工智能技术接口的应用场景、接口请求方式、响应机制、接口地址、返回参数,了解提供应用程序编程接口的平台,重点学习人工智能方面应用程序编程接口的使用方法以及请求返回参数的含义。通过所学习的应用程序接口知识,读者可以构建人工智能识别检测系统,了解调用应用程序编程接口的方法和注意事项,更加深入地理解应用程序编程接口的相关知识。

本书主要以介绍 API 的相关基础为主,以"人工智能识别检测系统基础项目构建"→"人工智能识别检测系统图像识别构建"→"人工智能识别检测系统人脸识别构建"→"人工智能识别检测系统文字识别构建"→"人工智能识别检测系统语音识别构建"→"人工智能识别检测系统感情分析构建"→"人工智能识别检测系统人像分割构建"→"人工智能识别检测系统视频审核构建"为线索,采用循序渐进的方式对 API 的基础概念及各个领域开放式 API 进行讲解。全书知识点的讲解由浅入深,使每一位读者都能有所收获,也保持了整本书的知识深度。

本书由陕西工商职业学院的归达伟与贺国旗共同担任主编,由许昌职业技术学院陈军章、天津滨海迅腾科技集团有限公司韦钰、绵阳飞行职业学院梁国辉、天津滨海迅腾科技集团有限公司张明宇、山东铝业职业学院焦方俊担任副主编。其中,项目一由归达伟负责编写,项目二由贺国旗负责编写,项目三由陈军章负责编写,项目四由韦钰负责编写,项目五由梁国辉负责编写,项目六和项目七由张明宇负责编写,项目八由焦方俊负责编写。归达伟负责全书编排。

本书理论内容简明,任务实施操作讲解细致,步骤清晰,理论讲解以及操作过程均附有相应的效果图,便于读者直观、清晰地看到操作效果。读者在学习 API 的过程中会更加得心应手并能提高对 API 的理论认识。

由于编者水平有限,书中难免出现错误与不足,敬请读者批评指正和提出改进建议。

编著者

2023 年 5 月

目　录

项目一　人工智能识别检测系统基础项目构建

通过学习 API 接口的相关知识,读者可以了解 API 接口分类的方式,熟悉 API 接口发展方向,掌握 API 接口的响应机制,具有运用 API 接口平台完成基础调用业务的能力,在任务实施过程中:

- 了解 API 基本知识;
- 熟悉 API 接口分类;
- 掌握 API 接口核心内容;
- 具有运用所学知识应用 API 完成特定功能的能力。

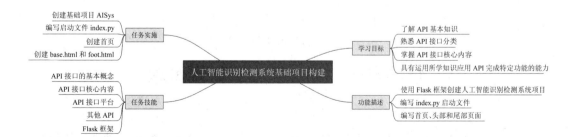

【情景导入】

基于互联网的应用正在变得越来越贴近日常生活,为了提高应用程序的开发效率,开发人员可以通过使用 API 接口的方式来减少无用程序的编写,从而减轻开发任务,同时通过开发平台的 API 接口,为各个不同平台提供数据共享。人工智能识别检测系统可以在各个平台 API 的基础上整合各个平台接口,调用 API 完成功能,提供返回信息供用户使用。

课程思政:艰苦奋斗,坚持本心

2019 年,美国运用行政手段打压商业竞争对手华为,多家美企宣布终止为华为提供关键软件和零部件。虽然遇到重重阻碍,但任正非一直坚信自己的理念,专心钻研科技创新。现如今华为成功度过了艰难的时期,得到了世界各国的赞赏,也实现了自己的价值。正如党的二十大报告中所指出的:自信自强、守正创新,踔厉奋发、勇毅前行,为全面建设社会主义现代化国家、全面推进中华民族伟大复兴而团结奋斗。我们在学习课程的过程中,也要不畏艰难险阻,坚持学习下去,坚持自己的理念,实现自己的价值。

【功能描述】

- 使用 Flask 框架创建人工智能识别检测系统项目
- 编写 index.py 启动文件
- 编写首页、头部和尾部页面

技能点 1　API 接口的基本概念

应用程序接口(Application Program Interface,API)可以实现计算机软件之间的相互通信。开发人员通过 API 接口开发应用程序,可以减少重复性代码编写,从而减轻编程任务负担。API 同时也是一种中间件,为各种平台提供数据共享。

1. 如何理解 API 接口

使用一个常见的数学公式来理解 API 接口,例如 $y=2x+4$,当 $x=2$ 时,y 的数值也就确定等于 8。因此,将公式 $y=2x+4$ 称为接口,x 称为参数,其数值为 2,y 称为返回结果,其数值为 8。那么这个接口的功能就是将传入的数值乘以 2 并加上 4,对应该接口的函数曲线如图 1-1 所示。

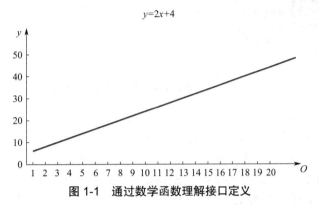

图 1-1　通过数学函数理解接口定义

生活中的很多场景都涉及 API 的使用,API 并不仅仅可以返回公有信息,用户的独立信息也会在允许的情况下被调用。例如,当用户在购物平台上买东西付款之后,商家选择某一快递公司发货,用户就可以在购物平台上面查看快递的实时进程。但购物平台和快递公司都是独立的公司,用户的购物信息就是被快递公司使用 API 获取的,当用户在查看快递信息时,购物平台的内部系统也开始运作,购物平台通过快递公司提供的 API,可以将快递信息实时调取到网站上。电商平台获取快递信息如图 1-2 所示。

图 1-2　电商平台获取快递信息

除此之外,用户还可以通过在搜索引擎上输入快递的订单号进行查询,只要是通过快递公司查询的信息,都可以通过对应 API 接口来实现。顺丰查询快递 API 接口如图 1-3 所示。

图 1-3　顺丰查询快递 API 接口

2.API 接口分类

随着网络技术的不断发展，API 接口的标准和技术也逐渐成熟，能更好地适应不同场景。如今许多企业都将 API 接口作为一种辅助工具应用到自身的业务领域中。广泛应用的 API 接口可依据表现形式、访问形式和数据共享性能 3 个方面进行分类。

1）按照接口的表现形式分类

按照接口的表现形式，可分为 HTTP 接口、RPC 接口、Web Service 接口、RESTful 接口、WebSocket 接口、FTP 接口。见表 1-1。

表 1-1　按照表现形式划分 API 接口

序号	接口	协议	说明
1	HTTP	HTTP 协议	HTTP 协议是现阶段使用最为广泛的，由于它具有轻量级、跨平台、跨语言的优势，几乎所有第三方 API 都会提供 HTTP 版本的接口
2	RPC	HTTP、TCP、UDP、自定义协议	RPC 技术是指远程过程调用，其本质上是一种 C/S 模式，可以像调用本地方法一样去调用远程服务器上的方法，支持多种数据传输方式
3	Web Service	基于 HTTP 协议的 SOAP 协议的封装和补充	Web Service 其实是一种概念，可以将以 Web 形式提供的服务称为 Web Service
4	RESTful	HTTP 协议	一种设计准则，使用不同的 HTTP 动词（GET、POST、DELETE、PUT 等）来表达不同的请求
5	WebSocket	UDP、TCP 协议	一个底层的双向通信协议，适合于客户端和服务器端之间信息的实时交互
6	FTP	TCP/IP 协议组中的协议之一	文件传输协议，FTP 协议包括两个组成部分，一为 FTP 服务器，二为 FTP 客户端。其中 FTP 服务器用来存储文件

2）按照接口的访问形式分类

按照接口的访问形式，可分为 Web API 访问、安全签名访问、公开调用，见表 1-2。

表 1-2　按照访问形式划分 API 接口

分类	说明
Web API 访问：使用用户令牌，通过 Web API 接口进行数据访问	可识别用户身份，为用户返回用户相关数据
安全签名访问：使用安全签名进行数据提交	采用这种方式提交的数据，URL 连接的签名参数是经过一定规则的安全加密的，服务器收到数据后也经过同样规则的安全加密，确认数据没有被中途篡改后，再进行数据修改处理
公开调用：提供公开的接口调用，不需要传入用户令牌或者对参数进行加密签名	只提供常规的数据显示

3）按照数据共享性能分类

根据单个或分布式平台上不同软件应用程序间的数据共享性能，可以将 API 分为 4 种类型，见表 1-3。

表 1-3　按照应用程序间的数据共享性能划分 API 接口

分类	说明
远程过程调用（RPC）	通过作用在共享数据缓存器上的过程（或任务）实现程序间的通信
标准查询语言（SQL）	是标准的访问数据的查询语言，通过数据库实现应用程序间的数据共享
文件传输	文件传输通过发送格式化文件实现应用程序间的数据共享
信息交付	指松耦合或紧耦合应用程序间的小型格式化信息，通过程序间的直接通信实现数据共享

3.API 接口的发展

随着网络技术的不断进步，用户获取信息的需求在单一平台上已经难以满足，业务的不断发展也造就了 API 接口的使用，包括平台发展、业务发展和技术发展。

（1）平台发展。通过将不同的软件应用程序连接在一起，API 允许第三方开发人员在现有产品和服务的基础上进行构建。这将创建一个可扩展的平台生态系统，以最低的成本为客户提供服务。如图 1-4 所示，API 平台可应对海量需求。

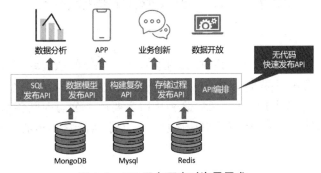

图 1-4　API 平台可应对海量需求

（2）业务发展。就如城市地理数据对出行软件而言必不可少一样,公司可以通过使用 API,公开对其他软件有利的重要数据。基于所公开数据的重要性,围绕 API 的各种业务模型也随之发展,从而帮助使用者通过 API 实现公司业务收入增长。 如图 1-5 所示,业务的不断发展可快速将 API 发放给其余企业使用。

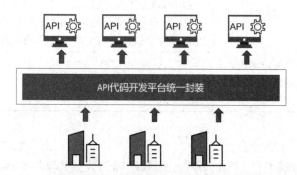

图 1-5　业务的不断发展可快速将 API 发放给其余企业使用

（3）技术发展。创建和更新的速度快慢决定了产品策略的成败。运行良好的内部技术堆栈以及团队和软件组件之间的有效沟通可以加快开发速度,提高效率。API 的使用有助于让不同的内部组件更好地通信,并已成为微服务和无服务器等新架构和改进架构的基础。如图 1-6 所示,API 技术深入到生活中的各个领域。

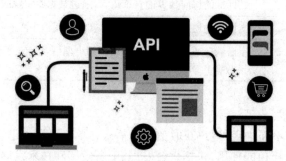

图 1-6　API 技术深入到生活中的各个领域

技能点 2　API 接口核心内容

常见 Web 接口是 HTTP/HTTPS 协议的接口,多用于外部系统或前端系统的调用,因为此类接口地址要暴露在外部,所以必须对接口的安全性做较高程度的校验。还有一种基于开源 RPC 构建的跨系统调用接口方案,此类接口主要用于公司内网各系统间的互相调用,此类接口服务治理能力更强,相应接口速度更快。关于 API 接口核心内容以 HTTP 接口为例进行说明。

1. 接口请求方式

常见的 HTTP 请求方式包括新增、删除、修改和查询等。接口所属类型是由业务决定的。例如用户打开某电商平台首页,展示首页的内容就需要用到查询(Get)接口,从而获取页面信息;用户在浏览商品之后进行下单操作,添加收货地址时,用的则是新增(Post)接口。而这两种接口也是最常见的接口类型。

1)Get 类型接口

(1)格式:请求参数写在网址后面,用"?"连接,多个参数之间用"&"连接。

(2)场景:Get 类型接口用于获取信息,多用于查询数据,例如在菜单列表展示、搜索展示、订单查询、优惠券查询等需要其他系统返回数据的情形时使用。一般情况下请求的数据量较小,返回速度快,由于接口是暴露在外面的,会有泄露信息的风险。如图 1-7 所示,使用 Get 传输信息。

图 1-7　使用 Get 传输信息

2)Post 类型接口

(1)说明:通过向指定资源位置提交数据(如提交表单、上传文件)来进行请求,Post 请求可能会导致新资源的建立。

(2)场景:如注册、上传、发帖等,这种请求数据量大,对安全性要求高。

其他接口类型如 put(替换)、delete(删除)、patch(修改、更新、编辑、部分替换)等使用率稍低,只在特殊情况下使用。如图 1-8 所示,使用 Post 传输信息。

图 1-8　使用 Post 传输信息

2. 接口响应机制

1）同步交互

同步交互指发送一个请求，需要等待返回，然后才能够发送下一个请求，存在一个等待过程。

例如登录接口，执行登录操作时，将用户名、密码、token 等字段加密后通过接口校验，需要返回验证结果后，才能登录成功。客户端会在请求完成前持续等待。如图 1-9 所示。

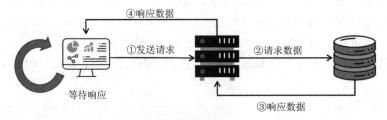

图 1-9　同步交互

2）异步交互

异步交互指的是在首次请求发出后，可以继续发送下一个请求，不需要等待首次请求发出的返回结果，这也是现在应用最为广泛的 Web 响应方式。

例如用户领优惠券，只需要将用户的领券请求成功发送，调用方无须在页面等待该请求的调用结果，会显示在 5~10 分钟之内发放到账户中，根据服务器当前的响应速度提升用户的体验。客户端发送请求后会跳转页面，可继续进行其他操作，后续响应结果会持续进行，无须用户等待结果。如图 1-10 所示。

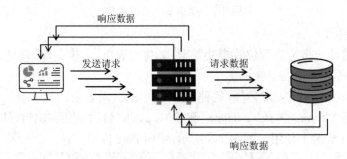

图 1-10　异步交互

二者区别如下。同步交互需要等待，异步交互不需要等待。在不影响用户体验的情况下，项目开发中一般会优先选择不需要等待的异步交互方式。同步交互适用的场景比较特殊，需要完成性操作，例如用户登录、银行转账、对数据库的保存操作等，都会使用同步交互操作，其余情况都优先使用异步交互。

3. 接口地址

接口实现的功能各不相同，以 HTTP 接口为例，要想实现接口功能就需要应用到接口地址。例如某平台应用了微信收款相关的 API 接口，当需要付款时，用户点击"付款"按钮，就会跳转至付款界面，这时付款就相当于对应功能的接口地址了，也就相当于向微信发送此接口需要的数据信息。

对于接口地址,可以查阅相关的接口手册,手册中会给出明确的请求 URL,例如微信支付(h5)相关的接口地址 URL 如图 1-11 所示。

接口说明

适用对象: 直连商户

请求URL: https://api.mch.weixin.qq.com/v3/pay/transactions/h5

请求方式: POST

图 1-11 接口地址说明

4. 请求参数

仅仅使用接口地址也无法满足用户的需求,要调用接口的服务需要写入相应的参数才能请求成功,此时生成的就称为报文,也就是想要表示接口的内容是什么,相当于数学函数中的 X 参数。一般来说,报文的格式和内容都是根据接口文档规定的。

不同的 API 所书写的报文都是不同的,但原理大致相同,首先需要填写必要的参数,这类参数都会在操作手册中进行标注,表示在使用接口时,这些参数是必须提供的。以微信支付(h5)为例,部分必填参数包括应用 ID、直连商户号、商品描述和商户订单号,功能是验证身份,确认是谁发送的请求、具体商品订单等。直连商户号表明了用户商户的身份信息,配合应用 ID 明确了这一身份,在文档中也标明了是必填选项。微信开放平台对调用收银台的报文部分参数要求见表 1-4。

表 1-4　请求参数说明

参数名	变量	类型 [长度限制]	必填	描述
应用 ID	appid	string[1,32]	是	(body)由微信生成的应用 ID,全局唯一…… 示例值:wxd678efh567hg6787
直连商户号	mchid	string[1,32]	是	(body)直连商户的商户号,由微信支付生成并下发 示例值:1230000109
商品描述	description	string[1,127]	是	(body)商品描述 示例值:Image 形象店 - 深圳腾大 -QQ 公仔

同样也有一些非必填的参数,会显示非必填,见表 1-5。

表 1-5　请求参数说明

参数名	变量	类型 [长度限制]	必填	描述
订单优惠标记	goods_tag	string[1,32]	否	(body) 订单优惠标记 示例值:WXG

因此在应用微信支付时,用户应用 ID 为 wxd678efh567hg6787,直连商户号为

1230000109，对应的报文的编写方式使用 JSON，如示例代码 1-1 所示。

示例代码 1-1

```
{
    "mchid": "1230000109", // 直连商户号
    "out_trade_no": "H51217752501201407033233368018", // 商户订单号
    "appid": "wxd678efh567hg6787", // 应用 ID
    "description": "Image 形象店 - 深圳腾大 -QQ 公仔 ", // 商品描述
    "notify_url": "https://weixin.qq.com/", // 通知地址
    "amount": { // 数量
        "total": 1, // 总金额
        "currency": "CNY" // 货币类型
    },
    "scene_info": { // 场景信息
        "payer_client_ip": "127.0.0.1", // 客户端 ip 地址
        "h5_info": { //h5 场景
            "type": "Wap" // 场景类型
        }
    } —
}
```

5. 返回结果

在完成 API 的调用之后，需要将调用情况信息返回给用户，一般情况下分为 2 种情况：调用成功或调用失败。以微信支付（h5）为例介绍如下。

1）调用成功

调用成功后返回参数即为支付跳转的链接，见表 1-6。

表 1-6　返回参数

参数名	变量	类型 [长度限制]	必填	描述
支付跳转链接	h5_url	string[1,512]	是	h5_url 为拉起微信支付收银台的中间页面，可通过访问该 url 来拉起微信客户端，完成支付，h5_url 的有效期为 5 分钟 示例值：https://wx.tenpay.com/cgi-bin/mmpayweb-bin/checkmweb?prepay_id=wx20161215164202424444321ca0631331346&package=1405458241

2）调用失败

接口调用失败的情况有很多，例如网络连接问题、服务器系统错误、交易错误等。无论是开发人员还是用户，都很难区分错误信息，因此需要引入状态码和错误码来对错误进行区分，如果错误码不够全面，那在接口调用失败时，就需要反复定位，从而降低开发效率。微信

支付(h5)的错误码说明见表1-7。

表 1-7　微信支付(h5)的错误码说明

状态码	错误码	描述	解决方案
403	TRADE_ERROR	交易错误	因业务原因交易失败,请查看接口返回的详细信息
500	SYSTEMERROR	系统错误	系统异常,请用相同参数重新调用
401	SIGN_ERROR	签名错误	请检查签名参数和方法是否都符合签名算法要求

6. 接口安全性校验

接口完成业务逻辑开发后,接下来要考虑的就是安全性问题了,接口的安全性问题主要有以下几方面考虑。

1)请求来源的合法性与安全性

由于接口是对外的,接口地址是暴露在公网上的,因此收到的请求有可能是非法的恶意请求;如果真的是合法请求,也需要知道这个请求的来源,同时这个请求来源不能否认。为了避免被恶意攻击,各大企业网站都会引入"签名"这一概念,用于对接口进行防护。近些年各大企业强制使用 HTTPS 替换掉原有的 HTTP 接口,正是因为 HTTPS 所使用的证书安全性更高。如图 1-12 所示,HTTP 升级为 HTTPS。

图 1-12　HTTP 升级提升安全性

2)保障请求数据完整性,避免被截取篡改

因为接口是对外的,所以在接收请求和返回数据时,不可能使用明文方式传输,否则一旦被恶意截取,会造成极大风险。所以在请求数据及返回数据时都需要加密,这样即使数据被截取,数据的内容也不会泄露。常见的加密方法如下。

(1)对称加密(Data Encryption Standard)。简称 DES,是数据加密的标准,速度较快,适用于加密大量数据的场合。

(2)三重数据加密(Triple DES)。简称 3DES,是基于 DES,对一块数据用 3 个不同的密钥进行 3 次加密,强度更高。

(3)非对称加密。简称 RSA,由 RSA 公司发明,是一个支持变长密钥的公共密钥算法,需要加密的文件块的长度也是可变的;既可以实现加密,又可以实现签名。也是现阶段安全性较高且适用性很强的加密方式。

例如:甲方要向乙方传输信息,首先乙方生成两把密钥(公钥和私钥),公钥是公开的,任何人都可以获得,私钥则是保密的,由乙方单独保管;然后甲方获得乙方的公钥,给传输信息加密;最后,乙方获得加密后的信息,再使用私钥解密。在这个过程中,即使有不法分子截取信息,没有私钥也是无法打开的。非对称加密工作原理如图 1-13 所示。

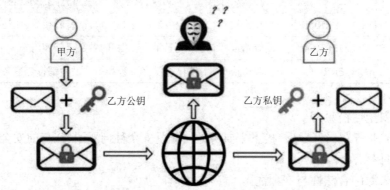

图 1-13　非对称加密工作原理

7. 接口性能

在接口设计完成之后,需要依据用户访问量来进行测试,普通的自测和模拟测试无法推算出高并发时的接口性能,极有可能会因为短时间大量数据的涌入而导致系统崩溃,因此进行接口性能测试是十分有必要的,其中有一些指标可以用于表示接口的性能。

1)系统每秒处理任务数量(TPS)

TPS 是衡量系统处理能力的重要指标。TPS 是高并发的指标,一般提供服务的接口,需要考虑到最极端情况下的并发数。TPS= 并发数 / 平均响应时间。

2)响应时间(RT)

响应时间是从客户端用户发送首个请求开始,至客户端接收到从服务器返回的响应结果所经历的时间,包括 3 个部分,分别是请求发送时间、网络传输时间和服务器处理时间。这项指标不应过长,否则会极大地影响用户体验,在处于高峰期时,用户的响应时间也应降低。

3)吞吐量

吞吐量指的是在一次请求发送至接收的过程中网络上传输的数据量的总和。

8. 接口测试

接口测试的目的是明确系统的能力输出,了解服务覆盖是否满足需求。

(1)在测试过程中,请求参数不符合要求时需要有明确的错误码、报错信息和日志,方便对问题复现与定位。

(2)如果在应用 API 的过程中,有参数处理逻辑的链路,也需要一并验证,例如用户在电商平台上下单购买物品,订单生成后会寻找用户相应信息,并通过邮件或短信通知用户,在这一过程中如果接口和订单信息中都没有用户手机号或者邮箱,就需要根据用户已有的信息(用户名、用户 ID)去查询手机号或者邮箱,并执行邮件和短信的发放操作。

(3)其他验证。包括代码覆盖率是否达到要求、性能指标是否满足要求、安全指标是否满足要求等,这一部分是更具专业性的测试指标。只有完成了接口测试并确认效果,才能在之后的实际开发中批量使用。

技能点 3   API 接口平台

API 接口平台可用于开发新的应用程序系统,使用已经设计完善的 API 接口可大大减少开发的时间和降低开发的人工成本,有效地避免由于开发人员所编写的接口存在技术问题而导致的项目延期。可以让开发人员更有效率地完成程序的开发工作,以一种简单的方式实现应用中的某个服务。如今互联网的知名企业都建立了 API 接口平台,用于提供 API 接口服务,开发人员可以访问平台查询对应需求接口。

1. 百度智能云 API 商城

百度智能云 API 商城(https://apis.baidu.com)是连接服务商与开发者的第三方 API 分发平台。平台可以为开发者提供最为全面的 API 接口服务,同时提供各类服务型的 API 接口,提升 API 调用量。平台聚集了国内外应用开发所需的包含 Android/IOS API 和 SDK 等在内的成百上千个服务,并有百度所特有的检索、语音识别等等 API 接口服务。使用百度账户即可体验平台内的 API 服务,使得开发变得简单高效。百度智能云 API 商城首页如图 1-14 所示。

图 1-14   百度智能云 API 商城首页

2. 阿里云 API 云市场

阿里云 API 云市场(https://market.aliyun.com/data)提供了各种 API 接口服务,包括金融理财、电子商务、人工智能、生活服务、交通地理、气象水利等。致力于为开发人员提供优质的 API 服务,驱动行业发展,助力企业发展,为不同行业的企业提供强大的数据以及优质的解决方案。阿里云 API 云市场如图 1-15 所示。

图 1-15　阿里云 API 云市场

3. 腾讯云开放平台

开发者可以利用腾讯云开放平台提供的各种 OpenAPI 开发实用工具,腾讯云开放平台为开发者及企业提供云服务、云数据等一站式的服务方案。腾讯云开放平台如图 1-16 所示。

图 1-16　腾讯云开放平台

技能点 4　其他 API

1.Windows API

Windows 的功能非常强大，除了能够管理协调各个应用程序、内存和资源外，还可以调用许多服务，一个服务就是一个函数，可以使用各个服务完成视窗的创建、图形描绘、外部设备的使用等，这些就被称为 Windows API。WIN32 API 也就是 Microsoft Windows 32 位平台的应用程序编程接口。对应微软给出的 Windows API 索引手册如图 1-17 所示。

图 1-17　Windows API 索引手册

Windows API 所提供的功能可以归为 7 类。

（1）基础服务。提供对 Windows 系统可用的基础资源的访问接口。例如，文件系统、外部设备、进程、线程以及注册表访问和错误处理机制。

（2）图形设备接口（GDI）。可提供输出图形内容到显示器、打印机以及其他外部输出设备。

（3）图形化用户界面（GUI）。提供的功能包括创建和管理屏幕和大多数基本控件，比如按钮和滚动条。接收鼠标和键盘输入，以及其他与图形化用户界面有关的功能。

（4）通用对话框链接库。为应用程序提供标准对话框，比如打开 / 保存文档对话框、颜色对话框和字体对话框等。

（5）通用控件链接库。为应用程序提供接口来访问操作系统提供的一些高级控件。例如，状态栏、进度条、工具栏和标签。

（6）Windows 外壳。作为 Windows API 的组成部分，不仅允许应用程序访问 Windows 外壳提供的功能，还对之有所改进和增强。

（7）网络服务（Network Services）。为访问操作系统提供多种网络功能接口。

在实际的开发案例中，可以通过创建 Windows 应用来使用 Windows API，创建 Windows 应用效果如图 1-18 所示。

图 1-18　创建 Windows 应用

创建完成之后，可在对应位置编写 Windows 窗体弹出显示文字"Hello World!"，如代码 1-1 所示。

```
代码 1-1：Windows API 编写代码

#include <Windows.h>

int WINAPI WinMain(HINSTANCE hInstance, HINSTANCE hPrevInstance, LPSTR lpCmdLine, int
    nCmdShow)
{
    MessageBox(NULL, TEXT("Hello World!"), TEXT("Caption"), MB_OKCANCEL | MB_ICONINFORMATION | MB_DEFBUTTON2);

    return 0;
}
```

Windows.h 表示头文件，包含所使用的函数声明，例如 WinMain（入口函数）、MessageBox（信息框）。

执行上述代码之后,就会弹出一个 Windows 窗体,并显示输入的"Hello World!",效果如图 1-19 所示,使用 Windows API 完成了基本弹窗功能。

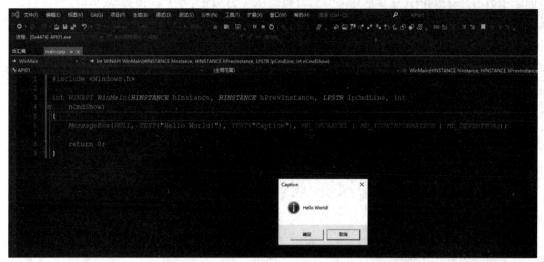

图 1-19　使用 Windows API 完成窗体功能

2.SDK API

SDK 的全称为 Software Development Kit,其含义为软件开发工具包。辅助开发某一类软件的相关文档、演示举例和一些工具的集合都可以称为 SDK。主要的目的在于减少开发者的工作量。在实际的开发工作中 SDK API 的优势明显,例如:研发人员 A 开发了软件 A,研发人员 B 正在研发软件 B。在开发过程中,研发人员 B 想要调用软件 A 的部分功能来用,但是研发人员 B 并不想花费时间研究软件 A 的源码和功能实现过程,只想要使用功能。此时比较好的方式就是把软件 A 中所需要的功能进行封装打包,写成一个函数。再将这个函数放在软件 B 里,就能直接使用这些功能了。打包使用的函数就称为 API。如图 1-20 所示,软件 A 中的部分功能可通过封装打包 API 的方式共享给软件 B。

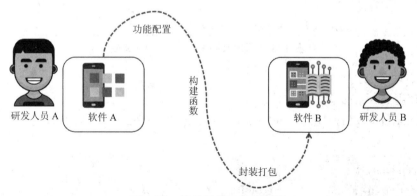

图 1-20　软件开发工具包应用

通常来说,API 其实就是一组接口,它是允许软件程序之间进行交互通信的。而相对来说,SDK 则是一套完整的 API。而且,其还可以提供创建应用程序所需要的所有使用的工具集合、相关文档、其他开发调试工具、平台模拟器等。 SDK 可认为是封装好功能的一个软件包,而这个软件包几乎是封闭的状态,只有一个接口可以进行访问,那这个接口就是 API,如图 1-21 所示,将软件 A 各个功能封装打包就可成为 SDK,在其他项目中使用。

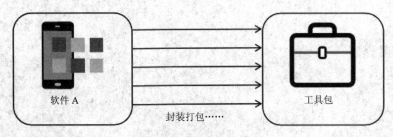

图 1-21　封装功能为 SDK

以百度文字识别 OCR 为例,安装文字识别 Java 版本的 SDK 帮助文档,如图 1-22 所示。

图 1-22　百度文字识别 SDK 帮助文档

对应有两个方式使用 SDK。

(1)使用 maven 依赖。

利用 maven 依赖管理插件,添加如下依赖,版本号可在 maven 官网查询,具体示例代码如下所示。

```xml
<dependency>
    <groupId>com.baidu.aip</groupId>
    <artifactId>java-sdk</artifactId>
    <version>${version}</version>
</dependency>
```

（2）使用 JAR 包完成 SDK 安装。

①官网下载 SDK（http://ai.baidu.com/sdk），如图 1-23 所示。

图 1-23　百度文字识别 SDK 资源（Java）

②将下载的 aip-java-sdk-version.zip 解压后，复制到工程文件夹中。

③将对应 JAR 包添加到工程中。

④添加 SDK 工具包 aip-java-sdk-version.jar 和第三方依赖工具包 json-20160810.jar、slf4j-simple-1.7.25.jar。

其中，version 为版本号，添加完成后，用户就可以在工程中使用对应的 SDK。

技能点 5　Flask 框架

Flask 是一个使用 Python 编写的轻量级 Web 应用框架。相较于其他框架更加灵活、轻便、安全且容易上手。在短时间内可完成内容功能丰富的中小型项目的开发，实现 Web 应用服务。主要运用 WSGI 工具箱 Werkzeug 实现了请求，响应对象和实用函数使其能够构建 Web 框架，前端渲染使用模板引擎 jinja2，用于将模板与特定数据源组合以呈现动态网页。

1. 基本模式

Flask 的基本模式为在程序中将一个视图函数分配给一个 URL，每当用户访问这个 URL 时，系统就会执行为该 URL 分配好的视图函数，获取函数的返回值并将其显示到浏览器上，其工作原理如图 1-24 所示。

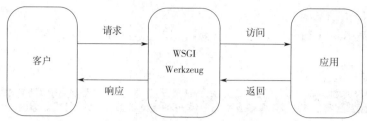

图 1-24　Flask 框架的工作原理

2. 应用方式

1）安装方法

（1）安装 Python。Flask 是一个基于 Python 的 Web 框架，因此在安装 Flask 之前，需要确认本地环境已经安装了 Python。如果还未安装，需要访问 Python 官方网站，下载并安装 Python。

（2）安装 pip 工具。pip 是 Python 的包管理工具，可以帮助安装和管理 Python 包。在大多数情况下，Python 自带了 pip。

（3）在安装了 Python 和 pip 工具之后，在终端中运行以下命令即可完成 Flask 框架的安装。

```
pip install flask
```

2）路由说明

现代 Web 框架使用路由技术来帮助用户记住应用程序 URL，可通过路由直接访问所需页面。Flask 框架使用 route() 装饰器将 URL 绑定到函数，以 hello_world() 函数为例，使用 @app.route('/hello') 将 '/hello' 规则绑定到 hello_world() 函数上。当用户访问（本地为例）http://localhost:5000/hello 时，就会呈现 hello world 字符串。如以下代码所示。

```
@app.route('/hello')
def hello_world():
    return 'hello world'
```

为了构建动态 URL，将变量部分标记为 <variable-name>，variable-name 关键字用于参数传递，例如向 hello_name 函数传递 'name' 信息，只需在启动项目后，在地址栏输入 http://localhost:5000/hello/pote，在函数中就可以接受该参数，并返回 Hello pote!，如以下代码所示。

```
@app.route('/hello/<name>')
def hello_name(name):
    return 'Hello %s!' % name
```

除了默认字符串类型之外，还可使用以下转换器构建规则，如下所示。

```
@app.route('/test/<int:id>')
def show_id(id):
```

```
    return 'int    %d' % id

@app.route('/test/<float:fno>')
def show_fno(fno):
    return 'float %f' % fno
```

3）HTTP 方法

Http 协议是万维网中数据通信的基础。在该协议中定义了从指定 URL 检索数据的不同方法。对应 Flask 中的 HTTP 方法见表 1-8。

表 1-8　Flask 框架 HTTP 方法

方法名称	说明
GET	使用未加密的 Get 方式传输至服务器
HEAD	与 get 相同，但没有响应体
POST	用于将表单数据发送至服务器
PUT	上传内容全部替换目标资源
DELETE	删除由 URL 给出的目标资源

在获取信息时，可使用下列代码获取内容，name 表示 form 表单中设置的 name 字段。

```
#form 表单 Get 传输获取 name 信息
request.args.get('name')

#form 表单 Post 传输获取 name 信息
request.form['name']
```

4）request 对象

来自客户端网页的数据作为全局请求对象 request 发送到服务器，为了处理请求数据，从 Flask 模块导入 request 对象用于处理数据。

request 对象的重要属性见表 1-9。

表 1-9　request 对象的重要属性

属性名称	说明
Form	它是一个字典对象，包含表单参数及其值的键和值对
args	解析查询字符串的内容，它是问号（?）之后的 URL 的一部分
Cookies	保存 Cookie 名称和值的字典对象
files	与上传文件有关的数据
method	当前请求方法

5）模板应用

视图函数的主要作用是生成请求的响应,这是最基本也是最简单的请求。视图函数有两个作用,处理业务逻辑和返回响应内容。

可以在项目下创建 templates 文件夹,用于存放所有的模板文件,例如创建最为简便的html 文件。如以下代码所示。

```html
<!DOCTYPE html>
<html lang="en">
<head>
    <meta charset–"UTF-8">
    <title>Title</title>
</head>
<body>
我的模板 html 内容
</body>
</html>
```

创建视图函数 index(),使用 render_template 进行渲染并返回页面。

```python
from flask import Flask, render_template

app = Flask(__name__)

@app.route('/')
def index():
    return render_template('hello.html')
```

如果要向页面传递数据,需要使用模板变量"{{ 变量名称 }}",如代码 1-2 所示。

代码 1-2：页面获取后台代码

```html
<!DOCTYPE html>
<html lang="en">
<head>
    <meta charset="UTF-8">
    <title> 模板变量 </title>
</head>
<body>
<h3> 渲染模板 html 内容 </h3>
{{ result_str }}<br>
{{ result_int }}<br>
```

```
{{ result_array }}
<h3> 字典数据获取 </h3>
{{ result_dict }}<br>
{{ result_dict['name'] }}<br>
{{ result_dict.age }}
<h3> 模板的 list 数据获取 </h3>
{{ result_list[0] }}<br>
{{ result_list[1] }}
</body>
</html>
```

对应后台传递数据的方式如代码 1-3 所示。

代码 1-3：后台传递数据

```python
from flask import Flask, render_template

app = Flask(__name__)

@app.route('/')
def index():
    # 往模板中传入的数据
    result_str = 'Hello Word'
    result_int = 10
    result_array = [3, 4, 2, 1, 7, 9]
    result_list = [1, 5, 4, 3, 2]
    result_dict = {
        'name': 'xiaoming',
        'age': 18
    }
    return render_template('hello.html',
                result_str=result_str,
                result_int=result_int,
                result_array=result_array,
                result_list=result_list,
                result_dict=result_dict)
# 运行
if __name__ == '__main__':
    app.run()
```

在使用 Flask 时有以下一些注意事项。

● 必须在项目中导入 Flask 模块。

●Flask 类的一个对象是 WSGI（Web 服务器网关接口）应用程序。

●Flask 构造函数使用当前模块（__name__）的名称作为参数。

●Flask 类的 route() 函数是一个装饰器，它告诉应用程序哪个 URL 应该调用相关的函数。

App.run() 可填写 4 项参数，见表 1-10。

表 1-10　App.run() 可填写参数

参数名称	说明
host	要监听的主机名，默认为 127.0.0.1（localhost），设置为"0.0.0.0"以使服务器在外部可用
port	默认值为 5000
debug	默认为 false。 如果设置为 true，则提供调试信息
options	要转发到底层的 Werkzeug 服务器

执行上述程序代码之后，访问 http://127.0.0.1:5000/，效果如图 1-25 所示。

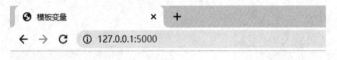

图 1-25　渲染模板 html 内容

3. 构建 Flask 项目

使用 PyCharm 编译器，应用 Flask 框架新建项目。

第一步，创建新项目，使用 PyCharm，在"New Project"中创建 Python 项目，填写项目路径以及 Python 环境，如图 1-26 所示。

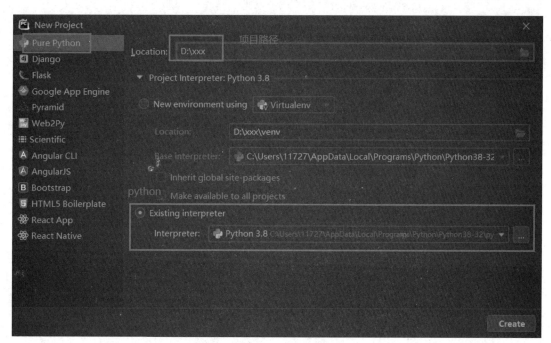

图 1-26　创建 Python 项目

第二步，安装 Flask 并运行测试效果。在根目录下创建 app.py 文件（名称可自定义），在终端编写"pip install flask"，可安装 Flask，同时在 app.py 文件中使用"from flask import Flask"导入，编译器没有报错，即可使用 Flask 框架完成项目，如图 1-27 所示。

图 1-27　安装 Flask 编写测试代码

第三步，测试项目。运行 app.run()，访问控制台中给出的默认地址"http://127.0.0.1:5000/"，效果如图 1-28 所示。

图 1-28　运行项目

在浏览器打开指定地址效果如图 1-29 所示，表示 Flask 框架已经安装完成，并能够成功运行。

图 1-29　项目运行效果

第四步，使用 PyCharm 可直接创建 Flask 项目。如图 1-30 所示，在"New Project"中，左侧选择"Flask"。

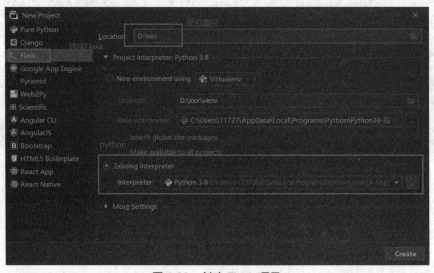

图 1-30　创建 Flask 项目

完成设置后，效果如图 1-31 所示，可直接构建 Flask 项目。static 放置静态资源，templates 放置渲染界面，app.py 文件为启动文件。

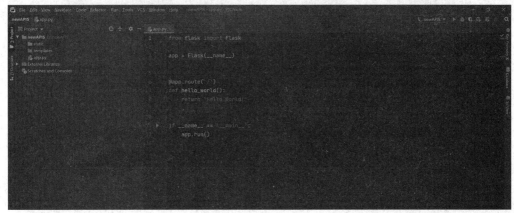

图 1-31　Flask 项目结构

构建人工智能识别检测系统，借助 API 接口平台提供的人工智能服务帮助用户识别检测各类物体、人体、地点等，获取信息，并将识别出的内容返回至控制台中。系统首页如图 1-32 所示。

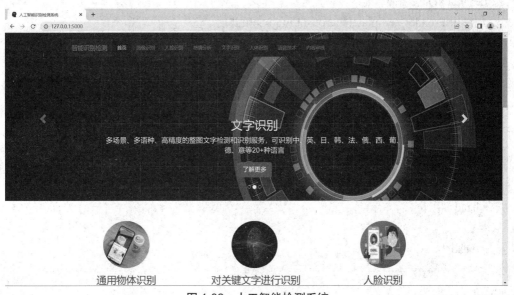

图 1-32　人工智能检测系统

第一步：创建文件夹"AISys",static 放置静态资源，templates 放置渲染界面，index.py 文件用于使用 API 请求完成功能，并将信息返回至页面，项目结构如图 1-33 所示。

图 1-33　人工智能识别检测系统项目结构

第二步：编写 index.py 文件，编辑主页渲染模板 index.html。如代码 1-4 所示。

代码 1-4：index.py

```python
from flask import Flask, redirect, url_for, request, render_template, jsonify
app = Flask(__name__)   # 在当前文件下创建应用
app.config['UPLOAD_FOLDER'] = 'upload/'
app.config["JSON_AS_ASCII"] = False


class Config(object):
    DEBUG = True
    JSON_AS_ASCII = False


# 主页
@app.route('/')
def index():
    return render_template("carousel/index.html")


if __name__ == "__main__":
    app.run()   # 运行 app
```

第三步：在 templates 文件夹下，创建 carousel/index.html，作为系统主页，如代码 1-5 所示。

代码 1-5：index.html

```html
<html lang="en">
<head>
    ...
</head>
<!--========================= 菜单栏 ========================= -->
...
<!--========================= 滚动窗体 ========================= -->
```

```
        ...
        <div class="container marketing">
            <div class="row">
                <div class="col-lg-4">
                    <img class="img-circle"
                        src="../../static/img/demo/indextuxiang.jpg"
                        alt="Generic placeholder image" width="140" height="140">
                    <h2> 通用物体识别 </h2>
                    <p> 利用计算机对图像进行处理、分析和理解,以识别各种不同模式的
目标和对象的技术。</p>
                    <p><a class="btn btn-default" href="#" role="button"> 查询详情
&raquo;</a></p>
                </div><!-- /.col-lg-4 -->
                ...
            </div>
            <hr class="featurette-divider">
            <div class="row featurette">
                <div class="col-md-7">
                    <h2 class="featurette-heading"> 识别地理地址风险 </h2>
                    <p class="lead"> 通过采用深度学习算法、自然语言处理、AI 关系网络
等业界先进技术快速识别恶意、虚假、高风险地址,有效帮助企业减少相关资金和人力资
源浪费。识别准确率高达 99% 以上。</p>
                </div>
                <div class="col-md-5">
                    <img class="featurette-image img-responsive center-block" src="../../
static/img/demo/show1.jpg"
                        alt="Generic placeholder image">
                </div>
            </div>
            <hr class="featurette-divider">
            <div class="row featurette">
                <div class="col-md-7 col-md-push-5">
                    <h2 class="featurette-heading"> 获取人脸关键点
                    </h2>
                    <p class="lead"> 对图片中的人脸进行关键点定位,并返回常用的人脸
关键点坐标位置,包括人脸轮廓,眼睛、眉毛、嘴唇以及鼻子轮廓等,可应用于美颜拍摄、视
频贴纸等场景 </p>
                </div>
```

```
         ...
      </div>
      <hr class="featurette-divider">
      <div class="row featurette">
         <div class="col-md-7">
            <h2 class="featurette-heading"> 语音识别合成 </h2>
            <p class="lead"> 将语音精准识别为文字,适用于手机语音输入、智能
语音交互、语音指令、语音搜索等短语音交互场景 </p>
         </div>
         ...
      </div>
   </div>
</body>
</html>
```

第四步：创建 base.html 和 foot.html,用于构建后续页面的头部和尾部,具体项目结构如图 1-34 所示。

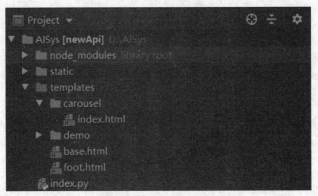

图 1-34　templates 结构

对应头部"base.html"如代码 1-6 所示。

```
代码 1-6：base.html

<!DOCTYPE html>
<html lang="en">
<head>
   ...
</head>
<body>
<!------------------------------ 菜单栏 ------------------------------>
<nav class="topnav navbar navbar-expand-lg navbar-light bg-white fixed-top">
```

```
        <div class="container">
            <a class="navbar-brand" href="/"><strong> 主页 </strong></a>
            <button    class="navbar-toggler    collapsed"    type="button"    data-
toggle="collapse" data-target="#navbarColor02"
                    aria-controls="navbarColor02"    aria-expanded="false"    aria-
label="Toggle navigation">
                <span class="navbar-toggler-icon"></span>
            </button>
            <div class="navbar-collapse collapse" id="navbarColor02" style="">
                <ul class="navbar-nav mr-auto d-flex align-items-center">
                    <li class="nav-item">
                        <a class="nav-link" href="/demo/vegetables"> 图像识别 </a>
                    </li>
                    <li class="nav-item">
                        <a class="nav-link" href="/demo/face"> 人脸识别 </a>
                    </li>
                    <li class="nav-item">
                        <a  class="nav-link"  href="/demo/languageProcessing"> 自然
语言处理 </a>
                    </li>
                    ...
                    </li>
                </ul>
            </div>
        </div>
    </nav>
```

对应尾部"foot.html"如代码 1-7 所示。

代码 1-7：foot.html

```
<!- 开始底部 ->
<div class="container mt-5">
    <footer class="bg-white border-top p-3 text-muted small">
        <div class="row align-items-center justify-content-between">
            <div>
                <span class="navbar-brand mr-2"><strong> 人工智能识别系统 </
strong></span> pote &copy;
```

代码 1-7：foot.html

```
                <script>document.write(new Date().getFullYear())</script>
        </div>
        <div>
            人工智能识别检测系统
        </div>
      </div>
    </footer>
</div>
<!-- 结束底部 -->
```

第五步：执行项目。访问 http://127.0.0.1:5000/，效果如图 1-35 所示。

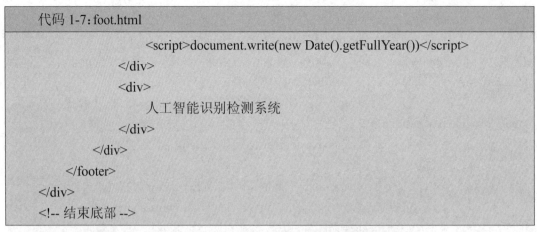

图 1-35　执行项目效果

本次任务通过构建 Flask 项目，使读者更深入地学习了 Flask 框架的有关知识，对整体项目的运行方式和项目构建都有所了解，为之后学习 API 功能打下了坚实的基础。

parameter	参数
describe	描述
support	支持
trade	贸易
amount	数量
scene	场景
exception	例外
encode	编码
connection	连接
service	服务

一、选择题

1. 关于 API 接口的分类，说法错误的是（　　）。

A. 按照接口的表现形式分类　　　　　　B. 按照接口的访问形式分类

C. 按照数据共享性能分类　　　　　　　D. 按照数据返回大小分类

2. API 接口最常见的请求方式有 GET 和（　　）。

A. POST　　　　　　B. ADD　　　　　　C. EDIT　　　　　　D. REMOVE

3. 关于 API 接口中请求参数的意义，下列说法正确的是（　　）。

A. 业务需求不同，传递参数不同　　　　B. 生成报文

C. 需告知接口需要什么内容　　　　　　D. 以上都正确

4. 下列选项中对于返回结果的说法正确的是（　　）。

A. 若调用成功则会返回请求数据

B. 当调用失败时，可直接返回错误信息

C. 无论是用户还是开发者，在返回错误信息时，都可看到具体信息

D. 错误代码是不必要的

5. 关于 Windows API，下列说法错误的是（　　）。

A. 能够管理协调各个应用程序　　　　　B. 根据具体程序活动管理内存和资源

C. 不能完成视图创建，只能依靠外部应用　　D. 可调用许多服务

二、填空题

1. 应用程序接口可以实现计算机软件之间的 _____。开发人员可以通过 API 接口开发应用程序，可以减少无用程序的编写，减轻编程任务。

2. Get 型接口用于获取信息，所请求的数据量 _____，返回速度快。

3. 同步交互需要等待，异步交互 _____，在不影响用户体验的情况下，项目开发中一般会优先选择不需要等待的异步交互方式。

4. 为了 _____，各大企业网站都会引入"签名"这一概念，用于对接口进行防护。

5. 在测试过程中，请求参数不符合要求需要有明确的 _____，报错信息和日志，方便对问题复现与定位。

三、简答题

1. 接口的响应机制有哪两种，分别说明其区别？

2. 接口测试的具体意义是什么？

项目二　人工智能识别检测系统图像识别构建

通过学习图像识别 API 接口相关知识,读者可以了解图像识别的相关知识,熟悉图像识别 API 在各领域的相关应用,掌握百度图像识别 API 的使用方法及调用过程,具有使用图像识别 API 接口实现人工智能识别检测系统图像识别构建的能力,在任务实施过程中:

- 了解图像识别的基本概念;
- 熟悉图像识别 API 应用场景;
- 掌握百度图像识别 API 调用方法;
- 具有使用 API 接口完成业务功能的能力。

【情景导入】

目前图像识别技术正在飞速发展,图像识别广泛应用于各个领域当中,例如电子商务、游戏、医学、制造业、教育、飞行物识别、地形勘察、车牌号识别等。本项目通过对人工智能识别检测系统的图像识别构建,使读者了解图像识别 API 的具体使用方法。

【功能描述】

- 构建人工智能识别检测系统图像识别显示页面
- 获取 access_token 及图像识别检测方法
- 获取筛选百度图像识别结果

技能点 1　图像识别基本概念

图像识别(Image Recognition)是运用计算机对图像进行分析和理解,用来识别各种不同模式的目标和对象的技术,包括图像标签、媒体资源图像、各类图像描述、社会名人识别、主体识别等。 图像识别目前也用于执行一些特定任务,例如对于给出的图像使用描述性的文字进行标记、在图像中搜索指定内容用于引导机器人执行工作、自动驾驶汽车和驾驶员辅助系统等。随着技术的不断革新,图像识别技术在各个领域的使用效果愈加显著。如图 2-1 所示,运用图像识别技术识别宠物狗。

从人类角度看,基于人类认知来识别一些物体是十分简单的事情,但对于计算机而言是一项十分复杂的技术。目前图像识别最有效的工具为深层神经网络,具体表现为卷积神经网络(CNN)。目前图像识别的流程包括:图像采集、图像预处理、特征处理、图像识别。图像识别 API 主要根据用户提交的图片,通过 API 的底层程序对图像进行处理、分析、理解和判断。

图 2-1　运用图像识别技术识别宠物狗

技能点 2　图像识别应用场景

图像识别的应用包括车牌辨识、视觉地理定位、手势辨识、对象识别以及医学影像识别等。目前图像识别技术已经逐渐成熟，并被脸书（Facebook）、谷歌（Google）等公司在应用程序中使用，并能够支持更小的参与者把图像识别技术整合在网络的应用程序中。

1）电子商务行业

图像识别技术在电子商务行业中主要应用于对产品图像进行自动处理、分类和标记，从而实现更为广泛的搜索功能。例如：快速搜索产品、快速识别假冒伪劣产品等。

● 快速搜索产品。当顾客想购买某件商品但难以形容时，可利用图像识别技术进行搜索，可以大大减少产品搜索时间。除此之外，利用图像搜索技术还可以显示产品的替代产品，或者在一个特定的商店中展示类似的产品，如图 2-2 所示。

图 2-2　产品搜索

● 电商行业的发展在一定程度上增加了高仿产品和假冒产品的销售渠道,因此知名品牌企业需要长期与不法商贩进行斗争。为了防止用户购买到假冒伪劣的产品,可通过自动检查标识及防伪码技术来告知买家。标识识别可以让人们识别网上商店是否试图销售假冒商品。防伪码如图 2-3 所示。

图 2-3　防伪码

课程思政:言而有信,诚心诚意

诚信是人和人之间正常交往,社会生活和谐稳定,经济有序运行的重要保障。党的二十大报告中指出,弘扬诚信文化,健全诚信建设长效机制。对每个人来说,诚信既是一种道德品质和道德信念,也是每个公民的道德责任,更是一种崇高的"人格力量"。对一个企业来说,诚信是一种"形象",一种"品牌",一种"信誉",是使企业兴旺发达的基础。

2)游戏行业

图像识别将数字层置于真实世界的图像之上,而增强现实技术为现有环境添加了细节。图像识别技术和计算机视觉技术的不断进步将彻底改变游戏世界。国内专注于图像识别的创业公司旷视科技成立了 VisionHacker 游戏工作室,借助图形识别技术研发移动端的体感游戏,国内第一款移动平台体感游戏 Crows Coming 如图 2-4 所示。

图 2-4　Crows Coming 移动平台体感游戏

3）医学行业

图像识别在医学领域中主要应用于检测组织中的异常情况，包括各种类型的癌症。因此在医学领域应用图像识别技术可以加快诊断过程，并减少在患者早期就诊发现异常时的人为漏诊。医疗行业应用人工智能图像识别诊疗患者如图 2-5 所示。

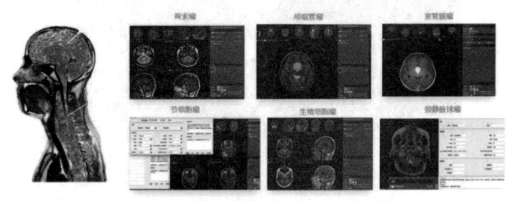

图 2-5　医疗行业应用人工智能图像识别诊疗患者

4）制造业

在智慧工地上使用图像识别技术主要是为了保障工人等作业人员的安全。图像识别技术可用于监测工地人员是否佩戴安全帽、各类操作是否符合安全规范等，这种技术使管理人员对现场的情况一目了然。如图 2-6 所示，人员未佩戴安全帽（反光服、安全带），后台会收到报警提示。

图 2-6　制造业中图像识别技术的应用

5）教育行业

图像识别可以帮助有学习障碍和残疾的学生。例如，以计算机视觉为动力的应用程序提供了图像转语音和文本转语音功能，可以为有阅读障碍或视力障碍的学生朗读材料，如图 2-7 所示。

图 2-7　教育行业中图像识别技术的应用

技能点 3　百度图像识别 API 调用

百度的图像识别接口可以精准识别超过 10 万种物体和场景,包含 10 余项高精度的识图能力并可提供相应的 API 服务,充分满足了各类开发者和企业用户的应用需求。百度 AI 开放平台提供了丰富的图像识别服务,包括通用物体和场景识别、果蔬识别、红酒识别、货币识别、图像主体检测等服务。

调用百度图像识别 API 首先要有一个百度账户,登录百度云(https://login.bce.baidu.com/?account=),界面如图 2-8 所示。

图 2-8　百度云登录界面

调用百度平台的 API 接口,向 API 服务地址使用 POST 发送请求时,必须在 URL 中带上对应的公共参数,具体见表 2-1。

表 2-1　百度 API 公共参数

名称	类型	必填	描述
grant_type	string	是	表示授权的方式,固定为 client_credentials
client_id	string	是	客户端身份标识,应用的 API Key,在百度智能云控制台各技术方向概览页的应用列表处获取
client_secret	string	是	客户端密钥,应用的 Secret Key

在调用 API 接口之后会返回响应信息,在这一过程中如果出现异常导致数据返回失败,会返回相应的"error_code"异常状态代码,对应百度平台的错误代码见表 2-2。

表 2-2　百度 API 错误代码

状态代码	状态信息	详细描述
1	Unknown error	服务器内部错误
2	Service temporarily unavailable	服务暂不可用
3	Unsupported openapi method	调用的 API 不存在
4	Open api request limit reached	集群超限额
6	No permission to access data	无权限访问该用户数据,创建应用时未勾选相关接口
13	Get service token failed	获取 token 失败
14	IAM Certification failed	IAM 鉴权失败
15	app not exists or create failed	应用不存在或者创建失败
17	Open api daily request limit reached	每天请求量超限额
100	Invalid parameter	无效的 access_token 参数,token 拉取失败

本次要介绍的请求 URL 见表 2-3。调用每个接口时,只需按照要求对照表 2-3 中 URL 进行请求,获取返回参数。

表 2-3　百度图像识别请求 URL

请求 URL 内容	说明
通用物体和场景识别	https://aip.baidubce.com/rest/2.0/image-classify/v2/advanced_general
图像单主体检测	https://aip.baidubce.com/rest/2.0/image-classify/v1/object_detect

1. 百度通用物体和场景识别 API

该 API 用于通用物体及场景识别,即对于输入的一张图片(可正常解码,且长宽比适宜),输出图片中的多个物体及场景标签,支持获取图片识别结果对应的百科信息,功能演示如图 2-9 所示。

图 2-9　通用物体及场景识别功能演示

（1）应用场景。

随着科技越来越发达,通用物体和场景识别技术水平也有了很大的提升,在生活的各个方面都得到了应用,例如图片内容分析与推荐、拍照识图等业务场景。

● 图片内容分析与推荐

对用户浏览的图片或观看的视频内容进行识别,根据识别结果给出相关内容推荐或广告展示。广泛应用于新闻资讯类、视频类 APP 等内容平台中,如图 2-10 所示。

图 2-10　图片内容分析与推荐

● 拍照识图

根据用户拍摄的照片,识别图片中物体名称及百科信息,提高用户交互体验,广泛应用于智能手机厂商、拍照识图及科普类 APP 中,如图 2-11 所示。

图 2-11　拍照视图

（2）通用物体和场景识别所需请求 url、接口请求方式、请求参数如下所示。

①请求 url：https://aip.baidubce.com/rest/2.0/image-classify/v2/advanced_general。

②接口请求方式：POST。

③请求参数主要为 image 或 url，具体含义见表 2-4。

表 2-4　通用物体和场景识别 API 请求参数

参数	是否必选	类型	说明
image	和 url 二选一	string	图像数据，base64 编码，要求 base64 编码后大小不超过 4 MB，最短边至少 15 px，最长边最大 4 096 px，支持 jpg/png/bmp 格式
url	和 image 二选一	string	图片完整 url，url 长度不超过 1 024 字节，url 对应的图片 base64 编码后大小不超过 4 MB，最短边至少 15 px，最长边最大 4 096 px，支持 jpg/png/bmp 格式，当 image 字段存在时 url 字段失效
baike_num	否	integer	用于控制返回结果是否带有百科信息，若不输入此参数，则默认不返回百科信息；若输入此参数，会根据输入的整数返回相应个数的百科信息

了解了请求 url、接口请求方式、请求参数之后，学习如何使用该接口完成实际的需求。在编写请求 url 时必填参数中有 client_id 和 client_secret，使用这两个参数获取 access_token 用于获取请求数据，应用百度通用物体和场景识别 API 的具体实现步骤如下所示。

第一步：使用百度账号登录百度智能云平台（https://console.bce.baidu.com/），控制台如图 2-12 所示。

图 2-12　登录百度智能云平台

第二步：根据操作指引完成领取测试接口、创建应用和调试服务。以通用物体和场景识别功能为例，点击"领取免费资源"。如图 2-13 所示。

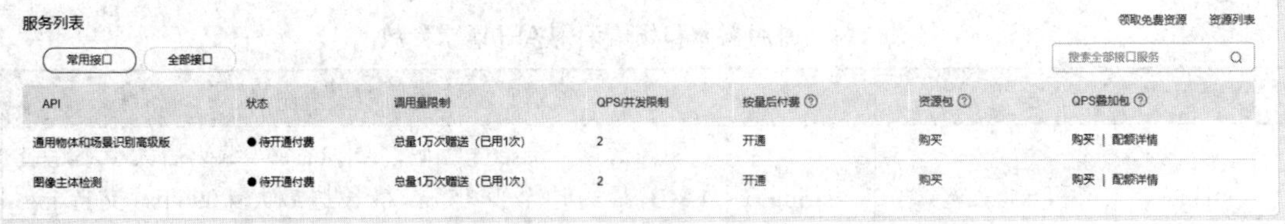

图 2-13　领取资源

第三步：领取完成后会跳转至"已领取资源"，在该界面可查看相应接口调用资源，如图 2-14 所示。

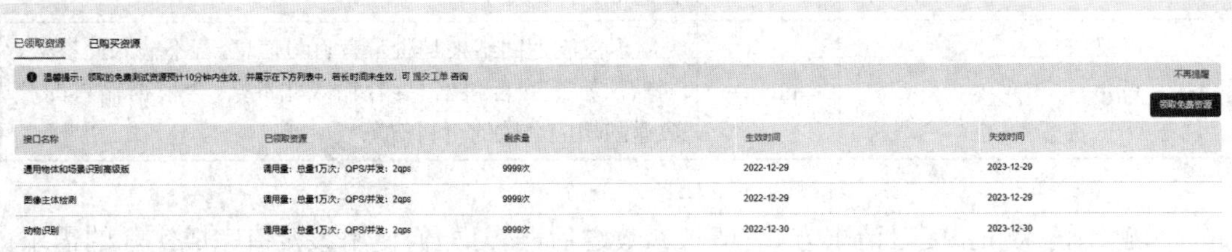

图 2-14　已领取资源列表

第四步：通过"创建应用"，创建新应用，填写应用名称、接口选择、应用归属（选择个人）、应用描述，点击"立即创建"。如图 2-15 所示。

图 2-15 创建应用

第五步：可看到相应的 API Key 和 Secret Key，如图 2-16 所示。使用 API Key 和 Secret Key 可获取 access_token。

图 2-16 应用列表

第六步：以 Python 为例，使用 API Key 和 Secret Key 获取 access_token，如代码 2-1 所示。

```
代码 2-1：Python 获取 access_token

def get_access_token():
    # 图像识别获取 access_token，每项功能的 id 和 secret 不同，根据需求修改
    client_id = "Saz6yhGr8EZuNx..."
    client_secret = "0jcNnPO32kii5jhat5DGVLf..."
    # client_id 为官网获取的 AK，client_secret 为官网获取的 SK
```

```
        host = "https://aip.baidubce.com/oauth/2.0/token?grant_type=client_credentials&client_
id=" + client_id + "&client_secret=" + client_secret
        response = requests.get(host)
        if response:
            print(response.json())
        # 获取响应内容
        parsed_json = json.loads(str(response.json()).replace("'", "\""))
        access_token = parsed_json.get('access_token')
        str_access_token = str(access_token)
        print("access_token:" + access_token)
        return str_access_token
```

成功发送请求获取 access_token 数据之后，即可实现后续上传图片完成识别返回信息的操作。

第七步：编写 Python 请求代码，如代码 2-2 所示。

代码 2-2：Python 请求主体

```
# encoding:utf-8
import requestsimport base64
'''
通用物体和场景识别
'''
# 请求 url，根据不同的 API 修改此处即可完成调用
request_url = "https://aip.baidubce.com/rest/2.0/image-classify/v2/advanced_general"
# 本地图片地址
img = r"D:\imgDemo\img\demo\dog.jpg"
# 二进制方式打开图片文件
f = open(img, 'rb')
img = base64.b64encode(f.read())
params = {"image":img}
# 调取第六步获取 access_token
access_token = get_access_token()
# 拼接请求 url
request_url = request_url + "?access_token=" + access_token
headers = {'content-type': 'application/x-www-form-urlencoded'}
response = requests.post(request_url, data=params, headers=headers)
if response:
    print (response.json())
```

代码中的本地图片如图 2-17 所示。

图 2-17　本地图片识别图

第八步：成功发送请求后返回信息如下所示。

```json
{
  "result_num": 5,
  "result": [
    {
      "keyword": " 小狗 ",
      "score": 0.533846,
      "root": " 动物 - 狗 "
    },
    {
      "keyword": " 兔子 ",
      "score": 0.371942,
      "root": " 动物 - 哺乳类 "
    },
  ],
  "log_id": 1632987341148547300
}
```

对于通用物体和场景识别返回参数，依据 ID 将相关信息的数据以 JSON 形式进行返回，见表 2-5。

表 2-5　通用物体和场景识别 API 返回参数

字段	是否必选	类型	说明
log_id	是	uint64	唯一的 log id，用于问题定位
result_num	是	unit32	返回结果数目及 result 数组中的元素个数，最多返回 5 个结果
result	是	array(object)	标签结果数组

续表

字段	是否必选	类型	说明
+keyword	是	string	图片中的物体或场景名称
+score	是	float	置信度,0-1
+root	是	string	识别结果的上层标签,有部分钱币、动漫、烟酒等 tag 无上层标签

同样,使用 Java 语言完成通用物体和场景的识别功能只需修改核心代码部分,即获取 access_token 和发送请求部分,完成效果与 Python 语言实现一致。

使用 Java 语言完成 access_token 获取,如代码 2-3 所示。

代码 2-3:Java 获取 access_token

```java
/**
 * @description:
 * 获取 token 类
 */
public class GetAccessToken {
    public String getAuth() {
        // 官网获取的 API Key
        String clientId = "tSCIaEMLTc7R6IbGal...";
        // 官网获取的 Secret Key
        String clientSecret = "Beo89g43gkcKRtqNIC5bq17QK...";
        return getAuth(clientId, clientSecret);
    }
    public String getAuth(String ak, String sk) {
        // 获取 token 地址
        String authHost = "https://aip.baidubce.com/oauth/2.0/token?";
        String getAccessTokenUrl = authHost
            // 1. grant_type 为固定参数
            + "grant_type=client_credentials"
            // 2. 官网获取的 API Key
            + "&client_id=" + ak
            // 3. 官网获取的 Secret Key
            + "&client_secret=" + sk;
        try {
            URL realUrl = new URL(getAccessTokenUrl);
            // 打开和 URL 之间的连接
            HttpURLConnection connection = (HttpURLConnection) realUrl.openConnection();
```

```
            connection.setRequestMethod("GET");
            connection.connect();
            // 获取所有响应头字段
            Map<String, List<String>> map = connection.getHeaderFields();
            // 遍历所有的响应头字段
            for (String key : map.keySet()) {
                System.err.println(key + "--->" + map.get(key));
            }
            // 定义 BufferedReader 输入流来读取 URL 的响应
            BufferedReader in = new BufferedReader(new InputStreamReader(connection.
getInputStream()));
            String result = "";
            String line;
            while ((line = in.readLine()) != null) {
                result += line;
            }
            /**
             * 返回结果示例
             */
            System.err.println("result:" + result);
            JSONObject jsonObject = new JSONObject(result);

            String access_token = jsonObject.getString("access_token");
            return access_token;
        } catch (Exception e) {
            System.err.printf(" 获取 token 失败！");
            e.printStackTrace(System.err);
        }
        return null;
    }
}
```

Java 请求主体如代码 2-4 所示。

代码 2-4：Java 请求主体

```java
/**
 * 通用物体和场景识别
 */public class AdvancedGeneral {
    public static String advancedGeneral() {
        // 请求 url
        String url ="https://aip.baidubce.com/rest/2.0/imageclassify/v2/advanced_general";
        try {
            // 本地文件路径
            String filePath = "D:\imgDemo\img\demo\dog.jpg";
            byte[] imgData = FileUtil.readFileByBytes(filePath);
            String imgStr = Base64Util.encode(imgData);
            String imgParam = URLEncoder.encode(imgStr, "UTF-8");

            String param = "image=" + imgParam;

            // 注意这里为了简化编码，每一次请求都去获取 access_token，线上环境
access_token 有过期时间，客户端可自行缓存，过期后重新获取。
            String accessToken = "[ 调用鉴权接口获取的 token]";

            String result = HttpUtil.post(url, accessToken, param);
            System.out.println(result);
            return result;
        } catch (Exception e) {
            e.printStackTrace();
        }
        return null;
    }

    public static void main(String[] args) {
        AdvancedGeneral.advancedGeneral();
    }}
```

2. 图像单主体检测 API

该 API 用于检测出图片中最突出的主体坐标位置，可使用该接口裁剪出图像主体区域，配合图像识别接口提升识别精度，其功能演示如图 2-18 所示。

图 2-18　图像单主体检测

（1）应用场景。

图像单主体检测 API 可以判断图片主体，并返回主体坐标，在智能美图、图像识别辅助等场景得到了广泛的应用。

● 智能美图

根据用户上传照片进行主体检测，实现图像裁剪或背景虚化等功能，可应用于含美图功能的 APP 等业务场景中，如图 2-19 所示。

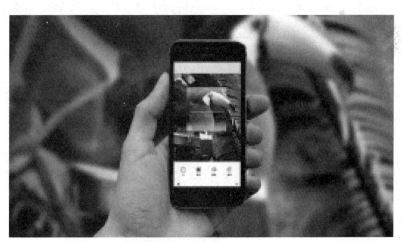

图 2-19　智能美图

● 图像识别辅助

可使用图像单主体检测裁剪出图像主体区域，配合图像识别接口提升识别精度，如图 2-20 所示。

（2）图像单主体检测所需请求 url、接口请求方式、请求参数详情如下所示。

①请求 url：https://aip.baidubce.com/rest/2.0/image-classify/v1/object_detect。

②接口请求方式：POST。

图 2-20　图像识别辅助

③请求参数主要为 image，具体含义见表 2-6。

表 2-6　图像单主体检测 API 请求参数

参数	是否必选	类型	说明
image	true	string	图像数据，base64 编码，要求 base64 编码后大小不超过 4 MB，最短边至少 15 px，最长边最大 4 096 px，支持 jpg/png/bmp 格式。注意：图片需要 base64 编码、去掉编码头后再进行 urlencode
with_face	false	number	如果检测主体是人，主体区域是否带上人脸部分，0 不带人脸区域，其他带人脸区域，裁剪类需求推荐带人脸，检索 / 识别类需求推荐不带人脸。默认取 1，带人脸

例如使用图像单主体检测图片：Java 请求代码示例与通用物体识别 API 中部分代码一致，此处仅展示部分不同代码，如代码 2-5 所示。

```
代码 2-5：Java 请求

/**
* 图像主体检测
*/public class ObjectDetect {

    public static String objectDetect() {
        // 百度图像单主体检测 API 请求 url
        String url = "https://aip.baidubce.com/rest/2.0/image-classify/v1/object_detect";
        try {
            // 本地文件路径
            String filePath = "D:\apitest\static\img\demo.jpg";
            ...
            String param = "image=" + imgParam + "&with_face=" + 1;
```

```
        ...
        return result;
    } catch (Exception e) {
        e.printStackTrace();
    }
    return null;
}

public static void main(String[] args) {
    ObjectDetect.objectDetect();
}}
```

使用 Python 请求代码示例，如代码 2-6 所示。

代码 2-6：Python 请求

```
# encoding:utf-8
import requestsimport base64
''' 图像主体检测 '''

request_url = "https://aip.baidubce.com/rest/2.0/image-classify/v1/object_detect"
# 二进制方式打开图片文件
img = r"D:\apitest\static\img\demo.jpg"
f = open(img, 'rb')
...
params = {"image":f,"with_face":1}
...
```

本地上传识别图片如图 2-21 所示。

图 2-21　图像单主体检测上传图片

执行代码发送请求后,会收到返回参数,如下所示。

```
{
    "result": {
        "top": 3,
        "left": 11,
        "width": 637,
        "height": 555
    },
    "log_id": 1633294012685846500
}
```

对于图像单主体检测返回参数,依据 ID 将相关信息的数据以 JSON 形式进行返回,见表 2-7。

表 2-7　图像单主体检测 API 返回参数

字段	是否必选	类型	说明
log_id	是	uint64	唯一的 log id,用于问题定位
result	否	watermark-location	裁剪结果
+left	否	uint32	表示定位位置的长方形左上顶点的水平坐标
+top	否	uint32	表示定位位置的长方形左上顶点的垂直坐标
+width	否	uint32	表示定位位置的长方形的宽度,单位 px
+height	否	uint32	表示定位位置的长方形的高度,单位 px

人工智能识别检测系统应用百度 AI 开放平台实现通用物体和场景识别功能,用户可上传图片完成对于图片内的通用物体的识别,并根据图片将识别出的内容返回并显示在页面上。页面效果如图 2-22 所示。

第一步:打开编程软件(PyCharm),构建的项目结构如图 2-23 所示,itemDetection.html 为展示页面,用于上传用户图片以及显示效果,index.py 文件用于后台请求 API 获取信息。

第二步:编写 itemDetection.html,如代码 2-7 所示。

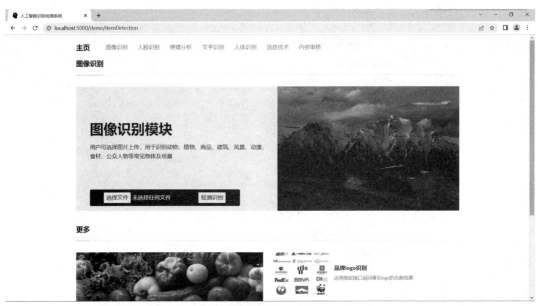

图 2-22　识别图

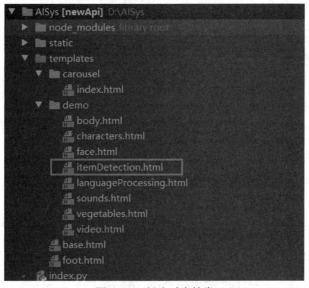

图 2-23　创建对应的类

代码 2-7：itemDetection.html
{% include 'base.html' %} <!------------------------------------- 主体 ------------------------------------->   　　　<h5 class="font-weight-bold spanborder"> 图像识别 </h5>

```
<div class="pl-4 pr-0 h-100 tofront">
    <div class="row justify-content-between">
        <div class="col-md-6 pt-6 pb-6 align-self-center">
            <h1 class="secondfont mb-3 font-weight-bold"> 图像识别模块
</h1>

            <p class="mb-5">
                用户可选择图片上传,用于识别动物、植物、商品、建筑、
风景、动漫、食材、公众人物等常见物体及场景
            </p>
            <p class="mb-4">
                {{ result_keword }}
            </p>
            <p class="mb-4">
                {{ result_root }}
            </p>
            <div    class="form-group    btn    btn-dark"    style="width:
80%;position: absolute;bottom: 0;margin-bottom: 0">
                <form        action="http://localhost:5000/api/itemDetection"
method="POST" enctype="multipart/form-data">
                    <input type="file" name="file"/>
                    <input    type="submit"    value=" 检 测 识 别 "
id="uploadBtn"/>
                </form>
            </div>

        </div>
        <div class="col-md-6 d-none d-md-block pr-0" style="background-
size:cover">

            <img      height="100%"      width="100%"      class="img-
responsive;center-block" src="data:;base64,{{ img }}">
        </div>
    </div>
</div>
</div>
```

第三步:编写 index.py,获取 access_token,编写跳转路由、发送请求,获取请求结果,筛选信息并返回至页面,如代码 2-8 所示。

代码 2-8：index.py

```python
# 获取 access_token
def get_access_token(param):
    client_id = ""
    client_secret = ""
    if  param == "pic":
        client_id = "Saz6yhGr8EZuNxOSvFeHlCVb"
        client_secret = "0jcNnPO32kii5jhat5DGVLfxKgHkAUvd"
    # client_id 为官网获取的 AK，client_secret 为官网获取的 SK
    host        =        "https://aip.baidubce.com/oauth/2.0/token?grant_type=client_
credentials&client_id=" + client_id + "&client_secret=" + client_secret
    response = requests.get(host)
    if response:
        print(response.json())
    # 获取响应内容
    parsed_json = json.loads(str(response.json()).replace("'", "\""))
    access_token = parsed_json.get('access_token')
    str_access_token = str(access_token)
    print("access_token:" + access_token)
    return str_access_token


# 物品通用检测路由
@app.route('/demo/itemDetection')
def item_detection_template():
    # 文件路径
    img = xxx
    img = img2base64(img)
    return render_template("demo/itemDetection.html", img=img)


# 图像识别 通用物体识别
@app.route('/api/itemDetection', methods=['GET', 'POST'])
def get_pic():
    img = r"D:\apitest\static\img\demo\9.jpg"
    result_list = None
    if request.method == 'POST':
        if request.files['file'] is None:
            img1 = img2base64(img)
            return render_template('show.html', img=img1)
```

```
f = request.files['file']
img = base64.b64encode(f.read())
params = {"image": img}
request_url = "https://aip.baidubce.com/rest/2.0/image-classify/v2/advanced_
general"

access_token = get_access_token("pic")
    request_url = request_url + "?access_token=" + access_token
headers = {'content-type': 'application/x-www-form-urlencoded'}
response = requests.post(request_url, data=params, headers=headers)
if response:
        print(response.json())
parsed_json = json.loads(str(response.json()).replace("'", "\""))
result = parsed_json.get('result')
result_list_last = result[0]
result_keyword = result_list_last.get("keyword")
result_keyword = " 识别结果：" + str(result_keyword)
result_root = result_list_last.get("root")
result_root = " 类别：" + str(result_root)
img = str(img, 'utf-8')
return      render_template('demo/itemDetection.html',     img=img,     result_
keword=result_keyword,
                                          result_root=result_root)
```

第四步：运行项目，上传一张名称为"cat.jpg"的图片，效果如图 2-24 所示。

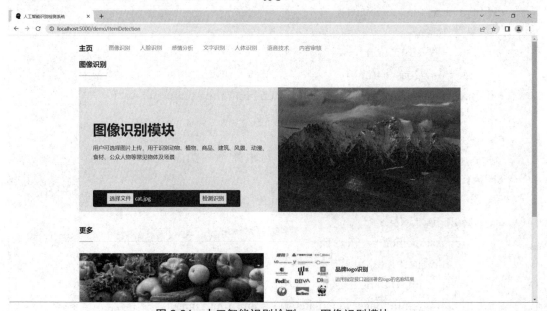

图 2-24　人工智能识别检测——图像识别模块

第五步：点击"检测识别"，效果如图 2-25 所示。显示了上传图片内容，识别结果为"布偶猫"，类别"动物－猫"。

图 2-25　上传图像识别效果

本次任务完成了人工智能识别检测系统图像识别功能的学习，为下一阶段的学习打下了坚实的基础。通过本次任务，读者了解了如何调用通用物体和场景识别 API 接口完成需求功能，加深了对 API 相关概念的了解，掌握了基本的 API 技术。

image recognition	图像识别
Facebook	脸书
url	网络地址
key	钥匙
result	后果
static	静态的

Google	谷歌
APP	手机软件
API	应用程序界面
keyword	关键字

一、选择题

1. 下列关于图像识别错误的是(　　　)。

A. 图像标签　　　　　B. 文字识别　　　　　C. 各类图像描述　　　D. 媒体资源图像

2. 下列说法不正确的是(　　　)。

A. 图像识别技术在电子商务行业中主要应用于对产品图像进行自动处理、分类和标记,从而实现更为广泛的搜索功能

B. 图像识别将数字层置于真实世界的图像之上,而增强现实技术为现有环境添加了细节。

C. 图像识别在医学领域的主要应用不在于检测组织中的异常情况。

D. 图像识别可以帮助有学习障碍和残疾的学生。

3. 动物识别 API 返回参数不包括哪个(　　　)。

A.log_id　　　　　B.result　　　　　C.+name　　　　　D.image

4. 菜品识别 API 返回参数不正确的是(　　　)。

A.log_id　　　　　B.result_num　　　　　C.result　　　　　D.image_id

5. 百度 AI 开放平台不包括哪个 API(　　　)。

A. 通用物体和场景识别　　　　　　　　B. 动物识别

C. 车牌识别　　　　　　　　　　　　　D. 图像主体检测

二、填空题

1. 图像识别目前也用于执行一些特定任务,例如对于给出的 _____ 使用描述性的文字进行标记。

2. 图像识别的流程包括 _____、_____、特征处理、图像识别。

3. 图像识别的应用包括 _____、视觉地理定位、手势辨识、对象识别以及医学影像识别。

4. 识别流程步骤为:_____,图像内容预处理,提取特征性质数据,最后进行图像识别。

5. 目前图像识别最有效的工具为深层神经网络,具体表现为 _____。

二、简答题

1. 图像识别的基本概念是什么?

2. 图像识别 API 应用场景包括哪些?

项目三　人工智能识别检测系统人脸识别构建

通过学习人脸识别 API 接口相关知识,读者可以了解人脸识别的基本概念,熟悉人脸识别 API 在各领域的相关应用,掌握百度人脸识别 API 的使用方法及调用过程,具有使用人脸识别 API 接口实现人工智能识别检测系统人脸识别构建的能力,在任务实施过程中:

● 了解人脸识别的基本概念;

● 熟悉人脸识别 API 应用场景;

● 掌握百度人脸识别 API 调用方法;

● 具有使用 API 接口完成业务功能的能力。

【情景导入】

人脸识别技术经过几十年的发展,已经成为人们生活中的重要组成部分。越来越多的行业也开始运用人脸识别技术。在家庭娱乐等领域,人脸识别技术也有一些有趣有益的应用,如能够识别主人身份的智能玩具、家政机器人等。在公共安全领域,人脸识别技术的应用包括智能视频监控、司机驾照验证、智能门禁等。本项目通过对人工智能识别检测系统的人脸识别进行构建,使读者了解人脸识别 API 的具体使用方法。

【功能描述】

- 构建人工智能识别检测系统人脸识别显示页面
- 获取 access_token 及人脸识别方法
- 获取筛选百度人脸识别结果

技能点 1　人脸识别基本概念

人脸识别技术是指以比较和分析人脸视觉特征信息为手段,进行身份验证或查找的一项计算机视觉技术。它与指纹识别、声纹识别、指静脉识别、虹膜识别等均属于同一领域,即生物信息识别领域,人脸识别通常也称为人像识别、面部识别,如图 3-1 所示。

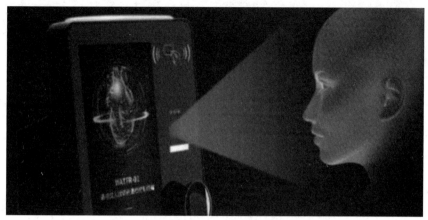

图 3-1　人脸识别

技能点 2　人脸识别 API 应用场景

因为人脸识别具有易于采集、高安全性、识别速度快等特点,所以在实际生活中,许多领域都已大规模地应用了人脸识别技术,人脸识别受到了越来越多的个人以及企业用户的青睐,如图 3-2 所示。

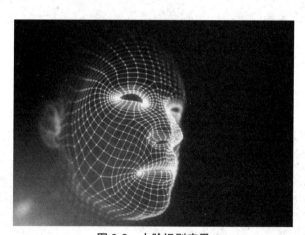

图 3-2　人脸识别应用

1)人脸识别门禁系统

人脸识别门禁系统是指使用人脸识别技术搭建的门禁系统,可以有效地防止陌生人员进入场地,例如高档居民小区、监狱看守所、公司财务办公室等实施特殊保护的场所,如图 3-3 所示。

图 3-3　人脸识别门禁系统

2）人脸识别考勤系统

　　人脸识别考勤系统是指利用人脸识别技术搭建的考勤系统,在办公室或办公楼安装,以便统计公司员工的考勤状况,可以与人脸识别门禁系统一起配合使用,如图 3-4 所示。

图 3-4　人脸识别考勤系统

3）人脸识别支付系统

　　通过人脸识别技术建立一套人脸识别支付系统,消费者在进行线上支付时需要先进行人脸识别,确认支付者为该账号的拥有人,然后才能完成支付行为,如图 3-5 所示。

图 3-5　人脸识别支付系统

4）电商领域

在电商平台上有很多种验证的方法，如身份证、密码卡、口令卡等，现在还可以通过生物特征识别技术来验证，例如人脸识别的应用，如图 3-6 所示。

图 3-6 人脸识别在电商领域的应用

技能点 3　百度人脸识别 API 调用

百度人脸识别基于深度学习的人脸识别方案，能够准确识别图片中的人脸信息，具有人脸属性识别、关键点定位、人脸 1:1 比对、人脸 1:N 识别、活体检测等能力，如图 3-7 所示。

图 3-7 百度人脸识别 API

百度人脸识别请求 URL 见表 3-1。调用每个接口时，只需按照要求对照表中 URL 进行请求，获取返回参数。

表 3-1　百度人脸识别请求 URL

请求 URL 内容	说明
人脸检测与属性分析	https://aip.baidubce.com/rest/2.0/face/v3/detect
人脸搜索	https://aip.baidubce.com/rest/2.0/face/v3/search
人脸对比	https://aip.baidubce.com/rest/2.0/face/v4/mingjing/match

1. 人脸检测与属性分析 API

该 API 用于准确识别多种人脸属性信息，包括年龄、性别、表情、口罩、脸型、头部姿态、是否闭眼、是否戴眼镜等，检测图片中的人脸并标记出人脸坐标，其功能演示如图 3-8 所示。

（1）应用场景。

人脸检测与属性分析 API 可应用于智慧校园管理、人脸特效美颜等多种场景，充分满足各行业客户的人脸属性识别及用户身份确认等需求。

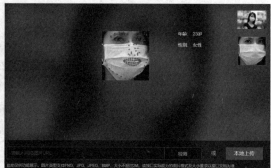

图 3-8　人脸检测与属性分析

● 智慧校园管理

将人脸识别技术应用于摄像头监控，对学生、教职工及陌生人进行实时检测定位，应用于校园安防监控、校内考勤、学生自助服务等场景，如图 3-9 所示。

图 3-9　智慧校园管理

● 人脸特效美颜

基于 150 关键点识别,对人脸五官及轮廓自动精准定位,可自定义对人脸特定位置进行修饰美颜,如图 3-10 所示。

图 3-10　人脸特效美颜

(2) 人脸检测与属性分析所需请求 URL、接口请求方式、请求参数如下所示。

① 请求 URL: https://aip.baidubce.com/rest/2.0/face/v3/detect。

② 接口请求方式: POST。

③ 请求参数主要为 image、image_type,具体含义见表 3-2。

表 3-2　人脸检测与属性分析 API 请求参数

参数	是否必选	类型	说明
image	是	string	图片信息 (总数据大小应小于 10 MB),图片上传方式根据 image_type 来判断
image_type	是	string	图片类型 base64: 图片的 base64 值,编码后的图片大小不超过 2 MB; URL: 图片的 URL 地址 (可能由于网络等原因导致下载图片时间过长); face_token: 人脸图片的唯一标识,调用人脸检测接口时,会为每个人脸图片赋予一个唯一的 face_token,同一张图片多次检测得到的 face_token 是同一个
face_field	否	string	包括默认只返回 face_token、人脸框、概率和旋转角度
max_face_num	否	uint32	最多处理人脸的数目,默认值为 1,根据人脸检测排序类型检测图片中排序第一的人脸(默认为人脸面积最大的人脸),最大值为 120

了解了请求 URL、接口请求方式、请求参数之后,学习如何使用该接口完成实际的需求。在编写请求 URL 时必填参数中有 image 和 image_type,使用这两个参数获取 access_token,用于获取数据,应用人脸检测与属性分析 API 的具体实现步骤如下所示。

第一步：使用百度账号登录百度智能云平台（https://console.bce.baidu.com/），控制台如图 3-11 所示。

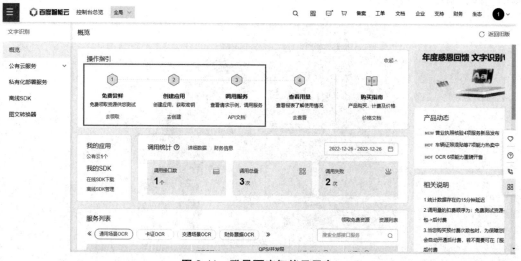

图 3-11　登录百度智能云平台

第二步：根据操作指引完成领取测试接口、创建应用和调试服务。点击"领取免费资源"领取人脸检测与属性分析功能使用次数，如图 3-12 所示。

图 3-12　领取资源

第三步：领取完成后会跳转至"已领取资源"，在该界面可查看相应接口调用资源，如图 3-13 所示。

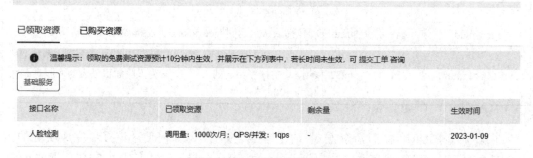

图 3-13　已领取资源列表

第四步：通过"创建应用"创建新应用，填写应用名称、接口选择、应用归属（选择个人）、应用描述，点击"立即创建"，如图 3-14 所示。

图 3-14　创建应用

第五步：可看到相应的 API Key 和 Secret Key，后续操作需要使用这两个数据完成对 API 的调用，如图 3-15 所示。至此就完成了调用百度 API 接口（人脸检测）的前置工作。

序号	应用名称	AppID	API Key	Secret Key
1	人脸检测与属性分析	29611478	CouDysHZxepluGv80DghQ2QS 复制	******** 显示 复制

图 3-15　应用详情

第六步：打开编程软件（IDEA），构建的项目结构如图 3-16 所示，其中，test.jpg 为测试图片，util 文件夹中为调用 API 所需工具类。getAccessToken 为获取 access_token 的类，testAPI 为调用 API 的类。

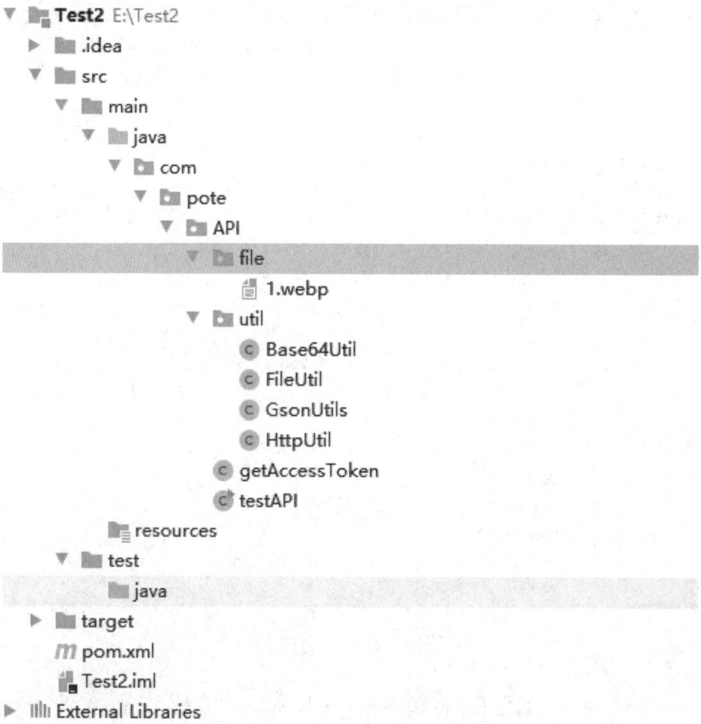

图 3-16　创建对应的类

第七步：以 Java 为例，使用 API Key 和 Secret Key 获取 access_token，如代码 3-1 所示。

代码 3-1：getAccessToken 类

```java
public class GetAccessToken {
    public static String getAuth() {
        // 官网获取的 API Key 更新为你注册的
        String clientId = "CouDysHZxepIuGv80DghQ2QS";
        // 官网获取的 Secret Key 更新为你注册的
        String clientSecret = "Lw3sYgnIvZnSTGVTFnSSjkXVSk1O8BDT";
        return getAuth(clientId, clientSecret);
    }
    public static String getAuth(String ak, String sk) {
        // 获取 token 地址
        String authHost = "https://aip.baidubce.com/oauth/2.0/token?";
        String getAccessTokenUrl = authHost
            // 1. grant_type 为固定参数
            + "grant_type=client_credentials"
            // 2. 官网获取的 API Key
            + "&client_id=" + ak
            // 3. 官网获取的 Secret Key
```

```
                + "&client_secret=" + sk;
        try {
            URL realUrl = new URL(getAccessTokenUrl);
            // 打开和 URL 之间的连接
            HttpURLConnection    connection    =    (HttpURLConnection)    realUrl.
openConnection();
            connection.setRequestMethod("GET");
            connection.connect();
            // 获取所有响应头字段
            Map<String, List<String>> map = connection.getHeaderFields();
            // 遍历所有响应头字段
            for (String key : map.keySet()) {
                System.err.println(key + "--->" + map.get(key));
            }
            // 定义 BufferedReader 输入流来读取 URL 的响应
            BufferedReader in = new BufferedReader(new InputStreamReader(connection.
getInputStream()));
            String result = "";
            String line;
            while ((line = in.readLine()) != null) {
                result += line;
            }
            /**
             * 返回结果示例
             */
            System.err.println("result:" + result);
            JSONObject jsonObject = new JSONObject(result);
            String access_token = jsonObject.getString("access_token");
            return access_token;
        } catch (Exception e) {
            System.err.printf(" 获取 token 失败！ ");
            e.printStackTrace(System.err);
        }
        return null;
    }
}
```

成功发送请求获取 access_token 数据之后,即可实现后续上传图片完成识别返回信息的操作。

第八步：编写 Java 请求代码，如代码 3-2 所示。

代码 3-2：testAPI 类

```java
public class testAPI {
    static String getFileContentAsBase64(String path) throws IOException {
        byte[] b = Files.readAllBytes(Paths.get(path));
        return Base64.getEncoder().encodeToString(b);
    }

    public static String advancedGeneral() {
        // 请求 url
        String url = "https://aip.baidubce.com/rest/2.0/face/v3/detect";

        try {
            Map<String, Object> map = new HashMap<>();
            map.put("image", getFileContentAsBase64("E:\\Test2\\src\\main\\java\\com\\pote\\API\\file\\1.webp"));
            map.put("image_type", "BASE64");
            map.put("face_field", "age,beauty,expression");
            String param = GsonUtils.toJson(map);

            // 注意，这里为了简化编码，每一次请求都去获取 access_token，线上环境
            access_token 有过期时间，客户端可自行缓存，过期后重新获取。
            String accessToken = new getAccessToken().getAuth();;

            String result = HttpUtil.post(url, accessToken, "application/json", param);
            System.out.println(result);
            return result;
        } catch (Exception e) {
            e.printStackTrace();
        }
        return null;
    }

    public static void main(String[] args) {
        testAPI.advancedGeneral();
    }
}
```

代码中的本地图片如图 3-17 所示。

图 3-17　本地图片识别图

第九步：成功发送请求后返回的信息如下所示。

```json
{
    "error_code": 0,
    "error_msg": "SUCCESS",
    "log_id": 1093547689,
    "timestamp": 1679447893,
    "cached": 0,
    "result": {
        "face_num": 1,
        "face_list": [
            {
                "face_token": "1b7539e79d2c848d9bd2172470ce24fa",
                "location": {
                    "left": 365.55,
                    "top": 212.76,
                    "width": 214,
                    "height": 222,
                    "rotation": 0
                },
                "face_probability": 1,
                "angle": {
                    "yaw": -2.49,
                    "pitch": 2.63,
                    "roll": -4.16
                },
                "age": 21,
```

```
        "beauty": 75.31,
        "expression": {
            "type": "none",
            "probability": 1
        }
      }
    ]
  }}
```

对于人脸检测与属性分析返回参数，依据 ID 将相关信息的数据以 JSON 形式进行返回，见表 3-3。

表 3-3　人脸检测与属性分析 API 返回参数

字段	是否必选	类型	说明
face_num	是	int	检测到的图片中的人脸数量
face_list	是	array	人脸信息列表，具体包含的参数参考下面的列表
+face_token	是	string	人脸图片的唯一标识（人脸检测 face_token 有效期为 60 min）
+location	是	array	人脸在图片中的位置
++left	是	double	人脸区域离左边界的距离
++top	是	double	人脸区域离上边界的距离
++width	是	double	人脸区域的宽度
++height	是	double	人脸区域的高度
++rotation	是	int64	人脸框相对于竖直方向的顺时针旋转角，$[-180°, 180°]$
+face_probability	是	double	人脸置信度，范围 0~1，代表这是一张人脸的概率，0 为最小，1 为最大。其中返回 0 或 1 时，数据类型为 integer
+angle	是	array	人脸旋转角度参数
++yaw	是	double	三维旋转之左右旋转角 $[-90°$（左），$90°$（右）]
++pitch	是	double	三维旋转之俯仰角度 $[-90°$（上），$90°$（下）]
++roll	是	double	平面内旋转角 $[-180°$（逆时针），$180°$（顺时针）]
+age	否	double	年龄，当 face_field 包含 age 时返回
+expression	否	array	表情，当 face_field 包含 expression 时返回

同样，使用 Python 语言完成人脸检测与属性分析功能只需修改核心代码部分，即获取 access_token 和发送请求部分，完成效果与 Java 语言实现一致。

使用 Python 语言完成 access_token 获取，如代码 3-3 所示。

代码 3-3：Python 获取 access_token

```python
def get_access_token():
    # 人脸识别获取 access_token，每项功能的 id 和 secret 不同，根据需求修改
    client_id = "CouDysHZxepIuGv80.."
    client_secret = "Lw3sYgnIvZnSTG..."
    # client_id 为官网获取的 AK，client_secret 为官网获取的 SK
    host = "https://aip.baidubce.com/oauth/2.0/token?grant_type=client_credentials&client_id=" + client_id + "&client_secret=" + client_secret
    response = requests.get(host)
    if response:
        print(response.json())
    # 获取响应内容
    parsed_json = json.loads(str(response.json()).replace("'", "\""))
    access_token = parsed_json.get('access_token')
    str_access_token = str(access_token)
    print("access_token:" + access_token)
    return str_access_token
```

Python 请求主体如代码 3-4 所示。

代码 3-4：Python 请求主体

```python
# encoding:utf-8
import requestsimport base64
'''
通用物体和场景识别
'''
# 请求 URL，根据不同的 API 修改此处即可完成调用
request_url = "https://aip.baidubce.com/rest/2.0/face/v3/detect"
params = "{\"image\":\"027d8308a2ec665acb1bdf63e513bcb9\",\"image_type\":\"FACE_TOKEN\",\"face_field\":\"faceshape,facetype\"}"
access_token = '[ 调用鉴权接口获取的 token]'
request_url = request_url + "?access_token=" + access_token
headers = {'content-type': 'application/json'}
response = requests.post(request_url, data=params, headers=headers)if response:
    print (response.json())
```

2. 人脸搜索 API

对于给定的一张照片，使用该 API 对比人脸库中 N 张人脸，进行 1：N 检索，找出最相似的一张或多张人脸，并返回相似度分数，功能演示如图 3-18 所示。

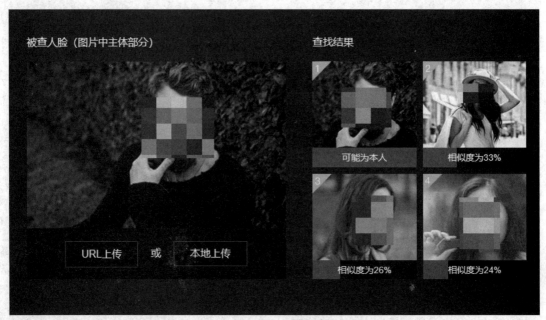

图 3-18　人脸搜索

（1）应用场景。

人脸搜索 API 主要应用于行业内大量需要对用户身份信息进行核实的场景,已广泛应用于智能安防监控、工厂安全生产等诸多行业领域。

● 智能安防监控

结合人脸识别技术,在工厂、学校、商场、餐厅等人流密集的场所进行监控,对人流进行自动统计、识别和追踪,如图 3-19 所示。

图 3-19　智能安防监控

● 工厂安全生产

提供软硬件结合的安全生产监控方案,基于厂区、车间内摄像头采集的图像,识别是否有陌生人闯入,以减少安全隐患,如图 3-20 所示。

图 3-20　工厂安全生产

（2）人脸搜索 API 识别所需请求 URL、调用方法、请求参数如下所示。

①请求 URL：https://aip.baidubce.com/rest/2.0/face/v3/search。

②调用方法：POST。

③请求参数主要为 image、image_type、group_id_list，具体含义见表 3-4。

表 3-4　人脸搜索 API 请求参数

参数	是否必选	类型	说明
image	是	string	图片信息（总数据大小应小于 10 MB），图片上传方式根据 image_type 来判断
image_type	是	string	图片类型 base64：图片的 base64 值，编码后的图片大小不超过 2 MB； URL：图片的 URL 地址（可能由于网络等原因导致下载图片时间过长）； face_token：人脸图片的唯一标识，调用人脸检测接口时，会为每个人脸图片赋予一个唯一的 face_token，同一张图片多次检测得到的 face_token 是同一个
group_id_list	是	string	从指定的 group 中进行查找，用逗号分隔，上限为 10 个
quality_control	否	string	图片质量控制 NONE：不进行控制 LOW：较低的质量要求 NORMAL：一般的质量要求 HIGH：较高的质量要求 默认为 NONE 若图片质量不满足要求，则返回结果中会提示质量检测失败

例如使用人脸搜索 API 完成检测图片功能。Java 请求代码与人脸检测与属性分析 API 中部分代码一致，此处仅展示部分不同代码，如代码 3-5 所示。

代码 3-5：Java 请求

```java
/**
* 人脸搜索
*/public class FaceSearch {

    public static String faceSearch() {
        // 请求 url
        String url = "https://aip.baidubce.com/rest/2.0/face/v3/search";
        ...
        return null;
    }
    public static void main(String[] args) {
        FaceSearch.faceSearch();
    }}
```

Python 请求代码如代码 3-6 所示。

代码 3-6：Python 请求

```python
# encoding:utf-8
import requests
'''
人脸搜索
'''

request_url = "https://aip.baidubce.com/rest/2.0/face/v3/search"

params"{\"image\":\"027d8308a2ec665acb1bdf63e513bcb9\",\"image_type\":\"FACE_TOKEN\",\"group_id_list\":\"group_repeat,group_233\",\"quality_control\":\"LOW\",\"liveness_control\":\"NORMAL\"}"

    ...
        print (response.json())
```

本地上传识别图片如图 3-21 所示。

图 3-21　人脸搜索上传图片

执行代码发送请求后，会收到返回参数，如下所示。

```
{
  "face_token": "fid",
  "user_list": [
    {
    "group_id" : "test1",
    "user_id": "u333333",
    "user_info": "Test User",
    "score": 33.3
    }
  ]
}
```

对于人脸搜索返回参数，依据 ID 将相关信息的数据以 JSON 形式进行返回，见表 3-5。

表 3-5　人脸搜索 API 返回参数

字段	是否必选	类型	说明
face_token	是	string	人脸标志
user_list	是	array	匹配的用户信息列表
+group_id	是	string	用户所属的 group_id
+user_id	是	string	用户的 user_id
+user_info	是	string	注册用户时携带的 user_info
+score	是	float	用户的匹配得分，推荐阈值 80 分

3. 人脸对比 API

使用该 API 对两张人脸进行 1∶1 比对，得到人脸相似度，支持生活照、证件照、身份证芯片照、带网纹照、红外黑白照 5 种图片类型的人脸对比，其功能演示如图 3-22 所示。

图 3-22　人脸对比

（1）应用场景。

通过高效的人脸识别算法在移动端可实现毫秒级别的人脸解锁和人脸支付。例如在电子支付中，很多情况下支持人脸识别支付，能够快速确定是否为本人，如图 3-23 所示。

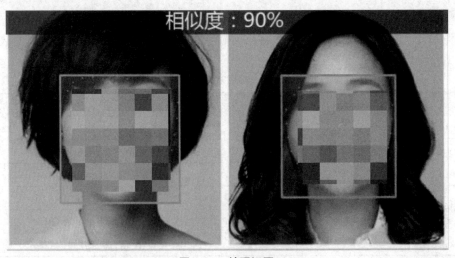

图 3-23　拍照识图

（2）人脸对比 API 所需请求 URL、接口请求方式、请求参数如下所示。

①请求 URL：https://aip.baidubce.com/rest/2.0/face/v4/mingjing/match。

②接口请求方式：POST。

③请求参数主要为 image 和 image_type，具体含义见表 3-6。

表 3-6　人脸对比 API 请求参数

参数	是否必选	类型	说明
image	是	string	图片信息 (数据大小应小于 10 MB,分辨率应小于 1 920*1 080),5.2 版本 SDK 请求时已包含在加密数据 data 中,无须额外传入
image_type	是	string	图片类型 base64 : 图片的 base64 值 URL : 图片的 URL face_token : 人脸标识 默认 base64
register_spoofing_control	否	string	合成图控制参数 NONE: 不进行控制 LOW: 较低的合成图阈值数值,由于合成图判定逻辑为大于阈值视为合成图攻击,该项代表低通过率、高攻击拒绝率 NORMAL: 一般的合成图阈值数值,由于合成图判定逻辑为大于阈值视为合成图攻击,该项代表平衡的攻击拒绝率、通过率 HIGH: 较高的合成图阈值数值,由于合成图判定逻辑为大于阈值视为合成图攻击,该项代表高通过率、低攻击拒绝率 默认 NONE
face_sort_type	否	int	人脸检测排序类型 0: 代表检测出的人脸按照人脸面积从大到小排列 1: 代表检测出的人脸按照距离图片中心从近到远排列 默认为 0

例如使用人脸对比 API 完成人脸功能检测。Java 请求代码与人脸检测与属性分析 API 中部分代码一致,此处仅展示部分不同代码,如代码 3-7 所示。

代码 3-7:Java 请求

```java
/**
* 人脸对比
*/public class FaceMatch {

    public static String faceMatch() {
        // 请求 url
        String url = "https://aip.baidubce.com/rest/2.0/face/v3/match";
...
        return null;
    }
    public static void main(String[] args) {
        FaceMatch.faceMatch();
}}
```

Python 请求代码如代码 3-8 所示。

代码 3-8：Python 请求

```
# encoding:utf-8
import requests
'''
人脸对比
'''


request_url = "https://aip.baidubce.com/rest/2.0/face/v3/match"
...
params = "[{\"image\": \"sfasq35sadvsvqwr5q...\", \"image_type\": \"BASE64\", \"face_
type\": \"LIVE\", \"quality_control\": \"LOW\"},
    {\"image\": \"sfasq35sadvsvqwr5q...\", \"image_type\": \"BASE64\", \"face_type\":
\"IDCARD\", \"quality_control\": \"LOW\"}]"
...
```

本地上传识别图片如图 3-24 所示。

图 3-24　人脸对比上传图片

执行代码发送请求后，会收到返回参数，如下所示。

```
{
"score": 96.818367,
"face_list": [
{
"face_token": "cd693ea9f38b317a884027bfac6502b4"
},
{
"face_token": "50c57c876b47da62dad326c9e566984d"
}
] }
```

对于人脸对比 API 返回参数,依据 ID 将相关信息的数据以 JSON 形式进行返回,见表 3-7。

表 3-7　人脸对比 API 返回参数

参数	是否必选	类型	说明
score	是	float	人脸相似度得分,推荐阈值 80 分
face_list	是	array	人脸信息列表
+face_token	是	string	人脸的唯一标志

人工智能识别检测系统应用百度 AI 开放平台实现人脸识别功能,用户可上传图片完成对于图片内的人脸的识别,并根据图片将识别出的内容返回并显示在页面上。页面效果如图 3-25 所示。

图 3-25　识别人脸图像模块

第一步:打开编程软件(PyCharm),构建的项目结构如图 3-26 所示,face.html 为展示页面,用于用户上传检测图片以及显示效果,index.py 文件用于后台请求 API 获取信息。

图 3-26　项目结构

第二步：编写 face.html，如代码 3-9 所示。

代码 3-9：face.html

```
{% include 'base.html' %}
<!------------------------------------- 主体 ------------------------------------->
<div class="container">
        <h5 class="font-weight-bold spanborder"><span> 识别人脸图像 </span></h5>
        <div class="jumbotron jumbotron-fluid mb-3 pt-0 pb-0 bg-lightblue position-
relative">
            <div class="pl-4 pr-0 h-100 tofront">
                <div class="row justify-content-between">
                <div class="col-md-6 pt-6 pb-6 align-self-center">
                    <h1 class="secondfont mb-3 font-weight-bold"> 识别人脸图像
</h1>
                    <p class="mb-3">
                        运用人工智能技术完成图像的人脸检测，获取信息
                    </p>
                    <p class="mb-3">
                        {{ face_shape }}
                    </p><p class="mb-3">
                        {{ expression_type }}
                    </p><p class="mb-3">
                        {{ face_type }}
```

```html
</p><p class="mb-3">
                {{ age }}
            </p>
            <div class="form-group btn btn-dark" style="width: 85%">
                <form          action="http://localhost:5000/api/face"
method="POST" enctype="multipart/form-data">
                    <input type="file" name="file"/>
                    <input type="submit" value="上传" id="uploadBtn"/>
                </form>
            </div>
        </div>
        <div class="col-md-6 d-none d-md-block pr-0" style="background-
size:cover;text-align: center;">
            <img height="100%" width="100%" class="img-responsive
center-block" src="data:;base64,{{ img }}">
        </div>
    </div>
  </div>
 </div>
</div>
<!-- 主体结束 -->
<!-- 更多 -->
<!----------------------------------- 尾部 ----------------------------------->
{% include 'foot.html' %}
</body>
</html>
```

　　第三步：编写 index.py，获取 access_token，编写跳转路由、发送请求，获取请求结果，筛选信息并返回至页面，如代码 3-10 所示。

代码 3-10：index.py

```python
# 获取 access_token
def get_access_token(param):
    client_id = " "
    client_secret = " "
    if  param == "pic":
        ...
    if param == "face":
        client_id = "rUEh43LpvEbTXq..."
```

```
        client_secret = "3lzXatgBZyTnpGw1b..."
        # client_id 为官网获取的 AK，client_secret 为官网获取的 SK
        host        =        "https://aip.baidubce.com/oauth/2.0/token?grant_type=client_
credentials&client_id=" + client_id + "&client_secret=" + client_secret
        response = requests.get(host)
        if response:
            print(response.json())
        # 获取响应内容
        parsed_json = json.loads(str(response.json()).replace(" ' ", "\"))
        access_token = parsed_json.get( 'access_token' )
        str_access_token = str(access_token)
        print("access_token:" + access_token)
        return str_access_token


    # 人脸识别 API
    @app.route( '/api/face', methods=[ 'GET', 'POST' ])
    def get_face():
        f = request.files[ 'file' ]
        img = base64.b64encode(f.read())
        request_url = "https://aip.baidubce.com/rest/2.0/face/v3/detect"
        params    =    { 'image':    img,    'image_type':    'BASE64',    'face_field':
'age,expression,faceshape,facetype' }
        access_token = get_access_token("face")
        request_url = request_url + "?access_token=" + access_token
        headers = { 'content-type': 'application/json' }
        response = requests.post(request_url, data=params, headers=headers)
        if response:
            print(response.json())
        result_json = response.json()
        age = result_json.get( 'result' ).get( 'face_list' )[0].get( 'age' )
        age = str(age)
        age = "预测年龄：" + age
    face_shape = result_json.get( 'result' ).get( 'face_list' )[0].get( 'face_shape' ).get( 'type' )
        # 根据返回结果判断给出返回值，包括脸型、是否为真实人脸、表情等
        if face_shape == 'square':
            face_shape = "脸型：正方形"
        elif face_shape == 'triangle':
            face_shape = "脸型：三角形"
```

```
        face_type     =     result_json.get('result').get('face_list')[0].get('face_type').
get('type')
        if face_type == 'human':
            face_type ="是否为真实人脸：真实人脸"
        else:
            face_type ="是否为真实人脸：卡通人脸"
        expression_type   =   result_json.get('result').get('face_list')[0].get('expression').
get('type')
        if expression_type == 'none':
            expression_type ="表情：不笑"
        ...
        img = str(img, 'utf-8')
        return  render_template("demo/face.html", img=img, age=age, face_shape=face_
shape, face_type=face_type,   expression_type=expression_type)
```

第四步：运行系统效果如图 3-27 所示。

图 3-27　人工智能识别检测——识别人脸图像模块

第五步：选择图片点击"上传"，可分析出上传图片的信息，此处返回脸型、表情、是否为真实人脸以及预测年龄，效果如图 3-28 所示。

图 3-28　上传图像识别效果

在本次任务中,读者体验了百度智能云人脸识别 API,为下一阶段的学习打下了坚实的基础。了解了如何调用百度智能云人脸识别 API 接口完成需求功能,加深了对 API 相关概念的了解,掌握了基本的 API 技术。

sort	分类
application	应用
Joint Bayesian	联合贝叶斯
Sparse Representation	稀疏表达
LFW	LFW 人脸数据库
beauty	美丽
control	控制
liveness	活力

detect　　　　　　　　　　　　　　　　发现

expression　　　　　　　　　　　　　　表示

一、选择题

1. 下列关于人脸识别错误的是（　　　　）。

A. 易于采集人脸图像　　　　　　　　　B. 高安全性

C. 识别速度快　　　　　　　　　　　　D. 价格低

2. 人脸搜索 API 请求参数不包括哪个（　　　）。

A. image　　　　　B. group_id_list　　　　C. image_type　　　　D. image_url

3. 人脸检测与属性分析 API 返回参数不包括哪个（　　　）。

A. face_num　　　　B. result　　　　　　C. face_list　　　　　D. +face_token

4. 在线图片活体检测 API 请求参数不正确的是（　　　）。

A. image　　　　　B. image_type　　　　C. face_field　　　　D. image_id

5. 人脸对比 API 返回参数不包括哪个（　　　）。

A. log_id　　　　　B. score　　　　　　C. face_list　　　　　D. +face_token

二、填空题

1. 人脸识别技术是基于人的 _____ 信息进行 _____ 的一种生物识别技术。

2. 人脸识别具备 _____ 、高安全性、识别速度快等诸多优点。

3. 人脸对比 API 请求参数主要为 _____ 和 image_type。

4. 人脸识别通常也称为 _____ 。

5. 用摄像机或摄像头采集有人脸的 _____ 或 _____ ，并自动在图像中检测和跟踪人脸，进而给出每个脸的位置、大小和各个主要面部器官的位置信息。

三、简答题

1 人脸识别的基本概念是什么？

2. 人脸识别 API 应用场景有哪些？

项目四　人工智能识别检测系统文字识别构建

通过学习文字识别 API 接口相关知识,读者可以了解文字识别的基本概念,熟悉文字识别 API 在各领域的相关应用,掌握百度文字识别 API 的使用方法及调用过程,具有使用文字识别 API 接口实现人工智能识别检测系统文字识别构建的能力,在任务实施过程中:

- 了解文字识别的基本概念;
- 熟悉文字识别 API 应用场景;
- 掌握百度文字识别 API 调用方法;
- 具有使用 API 接口完成业务功能的能力。

【情景导入】

文字识别是视觉认知领域中一项关键的技能,其目的是从图片中获得文字信息。文字识别具有广阔的应用空间。例如,自动驾驶中的路标辨识,或将扫描文件转化成结构化的文本信息以便于搜索等。近年来,由于深度学习和信息技术的发展,文字识别研究获得了突破性发展,尤其体现在对场景文本的检索、辨识的研究。本项目通过对人工智能识别检测系统的文字识别构建,使读者了解文字识别 API 的具体使用方法。

【功能描述】

● 构建人工智能识别检测系统文字识别显示页面
● 创建百度文字识别应用
● 获取筛选百度文字识别结果

技能点 1　文字识别基本概念

1. 基本概念

文字识别主要用来识别定位好的文字区域,可以将文本图片转换为相对应的字符。文字识别相较于自然语音处理具有其独特性,例如其具有组合特性,文本串的内容组合千变万化,其中汉字的组合单元常用的有 6 000 多个。文字识别与深度学习之间有着千丝万缕的联系,文字识别技术使用了循环神经网络以及卷积神经网络等,自 2012 年以来,深度学习大力发展,这也使得文字识别技术得到了进一步的发展。文字识别如图 4-1 所示。

图 4-1　文字识别

文字识别大约经历了以下几个发展阶段。

（1）探索阶段 (1979—1985 年)。在对数字、英文、符号进行识别研究的基础上，自 20 世纪 70 年代末开始，国内就有少数单位的研究人员对汉字识别方法进行了探索，发表了一些论文，研制了少量模拟识别软件和系统。这个阶段漫长，成果不多，但却为下一个阶段孕育出丰硕果实奠定了坚实的基础。

（2）研发阶段 (1986—1988 年)。1986 年年初到 1988 年年底，这三年是汉字识别技术研究的高潮期，也是印刷体汉字识别技术研究的丰收期。

（3）实用阶段 (1989 年至今)。文字识别自 1989 年掀起高潮以来，清华大学电子工程系、中国科学院计算所智能中心、北京信息工程学院、沈阳自动化研究所等多家单位分别研制并开发出了实用化的印刷体汉字识别系统。

2. 文字识别

文字识别流程一般包括文字信息采集、信息分析与处理、信息分类判别等。

● 信息采集

将纸面上的文字灰度变换成电信号，输入到计算机中去。信息采集通过文字识别机中的送纸机构和光电变换装置来实现，如图 4-2 所示。

图 4-2　信息采集

● 信息分析和处理

使用偏转、浓淡、粗细等各种正规化手段，处理变换后的电信号，消除由于打印材料、纸张性质或书写方法差异等因素而产生的各种噪声和干扰。

● 信息的分类判别

对去除噪声和正规化处理后的文字数据进行分类判断，并得出识别结论。

技能点 2　文字识别 API 应用场景

文字识别技术已经从原先的互联网试验品逐步进展到现在行业的应用开发阶段。文字识别在人们的日常生活中随处可见，例如：身份证证件照识别、各种支付票据识别、物流辅助服务识别、医疗场景识别、电商领域识别等，如图 4-3 所示。

图 4-3　文字识别应用场景

1）证件识别

证件识别可以识别出用户的基本信息以及证件信息，最常见的是对身份证进行识别，还可以用来识别房产证、结婚证、护照、银行卡等证件，如图 4-4 所示。

图 4-4　身份证证件照识别

2）支付票据识别

支付票据识别是对企业在业务流通中所需的各类原始票据或者各类发票进行自动分类与识别，如图 4-5 所示。

图 4-5　支付票据识别

3）物流辅助服务识别

物流辅助服务识别技术可用于识别物流快递单号、快递信息、快递车辆实时信息等。如图 4-6 所示。

图 4-6　物流辅助服务识别

4）医疗场景识别

文字识别在医疗场景中用于识别病例报告、药物需求、各类检测报告等。如图 4-7 所示。

图 4-7　医疗场景识别

5）电商领域识别

电子商务是目前在互联网相关产业中最为重要的环节之一，早已深入人们的日常生活之中。命名实体识别可以通过解析电商平台中的文本内容，快速地找到各种产品的名称、属性、价格等实体信息或专有名词，如图 4-8 所示。

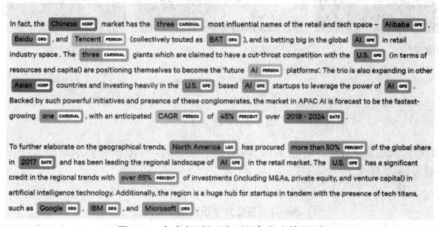

图 4-8　电商领域识别——命名实体识别

技能点 3　百度文字识别 API 调用

百度文字识别是一种覆盖多种通用场景、可支持 20 多种语言的高精度整图文字检测和识别服务，其适用类型包括各类印刷和手写文档、网络图片、表格、印章、数字、二维码等，可用于纸质文档电子化、办公文档 / 报表识别、图像内容审核等场景，如图 4-9 所示。

通用文字识别

基于业界领先的深度学习技术，提供多场景、多语种、高精度的整图文字检测和识别服务

了解详情

网络图片文字识别

针对网络图片进行专项优化，对艺术字体或背景复杂的文字内容具有更优的识别效果

了解详情

办公文档识别

可对办公类文档的版面进行分析，输出图、表、标题、文本的位置，并输出分版块内容

了解详情

表格文字识别

对单据或报表中的表格内容进行结构化识别，并以JSON或Excel形式返回

了解详情

印章识别

检测并识别合同文件或常用票据中的印章，已支持圆形章、椭圆形章、方形章等常见印章

了解详情

手写文字识别

支持对图片中的手写中文、手写数字进行检测和识别，针对不规则的手写字体进行专项优

了解详情

图 4-9　百度文字识别

百度文字识别请求 URL 见表 4-1。调用每个接口时，只需按照要求对照表中 URL 进行请求，获取返回参数。

表 4-1　百度文字识别请求 URL

请求 URL 内容	说明
通用文字识别	https://aip.baidubce.com/rest/2.0/ocr/v1/accurate_basic
证件识别	https://api-cn.faceplusplus.com/cardpp/v1/ocridcard

1. 通用文字识别 API

该 API 对图片中的文字进行检测和识别，支持中、英、法、俄、西、葡、德、意、日、韩、中英混合等多种语言，并支持中、英、日、韩 4 个语种的检测，功能演示如图 4-10 所示。

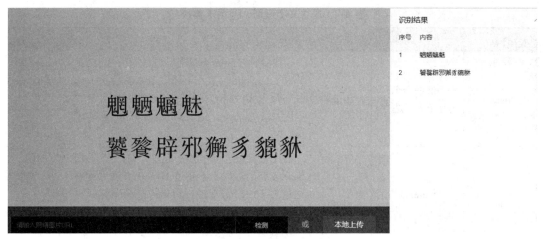

图 4-10 通用文字识别

课程思政:博大精深,源远流长

汉字是世界上最具造型感的文字,汉字书写呈现出变幻无穷的线条之美。中国人写字,不只是为了传递信息,也是一种美的表达。党的二十大报告中指出,坚守中华文化立场,提炼展示中华文明的精神标识和文化精髓,加快构建中国话语和中国叙事体系。日常生活中的中国字讲究的是方方正正,一笔一画中体现着做人做事的态度,写得一手好字,会给人留下非常好的第一印象,每每看到潇洒俊秀的字迹时,我们都会获得美的享受,心中的崇敬之情油然而生。

(1)应用场景。

通用文字识别技术可以对图片中的文字进行识别,该技术可以应用到翻译、搜索等移动应用中。如图 4-11 所示。

图 4-11 拍照识别

(2)通用文字识别 API 识别所需请求 URL、接口请求方式、请求参数如下所示。

①请求 URL: https://aip.baidubce.com/rest/2.0/ocr/v1/accurate_basic。

②接口请求方式:POST。

③请求参数主要为 image、url、pdf_file,其具体含义见表 4-2。

表 4-2　通用文字识别 API 请求参数

参数	是否必选	类型	说明
image	image、url、pdf_file 三选一	string	图像数据，base64 编码后进行 urlencode，要求 base64 编码和 urlencode 后大小不超过 10 MB，最短边至少 15 px，最长边最大 8 192 px，支持 jpg/jpeg/png/bmp 格式 优先级：image > url > pdf_file，当 image 字段存在时，url、pdf_file 字段失效
url	image、url、pdf_file 三选一	string	图片完整 url，url 长度不超过 1 024 字节，url 对应的图片 base64 编码后大小不超过 10 MB，最短边至少 15 px，最长边最大 8 192 px，支持 jpg/jpeg/png/bmp 格式 优先级：image > url > pdf_file，当 image 字段存在时，url 字段失效 请注意关闭 url 防盗链
pdf_file	image、url、pdf_file 三选一	string	PDF 文件，base64 编码后进行 urlencode，要求 base64 编码和 urlencode 后大小不超过 10 MB，最短边至少 15 px，最长边最大 8 192 px 优先级：image > url > pdf_file，当 image、url 字段存在时，pdf_file 字段失效
pdf_file_num	否	string	需要识别的 PDF 文件的对应页码，当 pdf_file 参数有效时，识别传入页码的对应页面内容，若不传入，则默认识别第 1 页

　　了解了请求 URL、接口的请求方式、请求参数之后，学习如何使用该接口完成实际的需求。在编写请求 URL 时必填参数中有 client_id 和 client_secret，使用这两个参数获取 access_token，用于获取数据，应用百度通用文字识别 API 的具体实现步骤如下所示。

　　第一步：使用百度账号登录百度智能云平台（https://console.bce.baidu.com/），控制台如图 4-12 所示。

图 4-12　登录百度智能云平台

第二步：根据操作指引完成领取测试接口、创建应用和调试服务。以通用文字识别功能为例，点击"领取免费资源"。如图 4-13 所示。

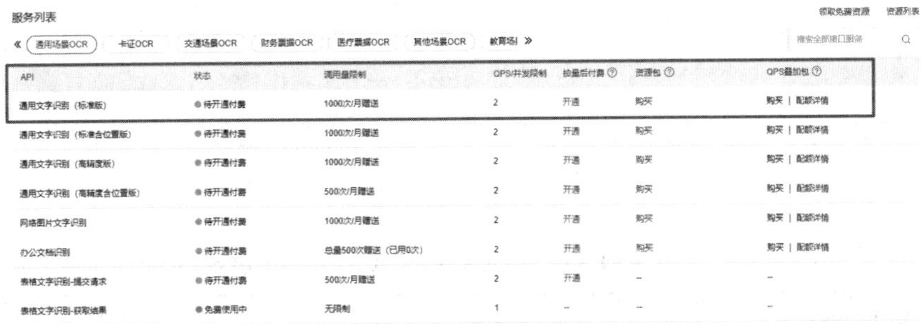

图 4-13　领取资源

第三步：领取完成后会跳转至"已领取资源"，在该界面可查看相应接口调用资源，如图 4-14 所示。

图 4-14　已领取资源列表

第四步：通过"创建应用"，创建新应用，填写应用名称、接口选择、应用归属（选择个人）、应用描述，点击"立即创建"。如图 4-15 所示。

图 4-15　创建应用

第五步：可看到相应的 API Key 和 Secret Key，如图 4-16 所示。使用 API Key 和 Secret Key 可用于获取 access_token。

图 4-16　应用详情

第六步：以 Java 为例，使用 API Key 和 Secret Key 获取 access_token，如代码 4-1 所示。

```
代码 4-1：Java 请求

/**
* @description:
* 获取 token 类
*/
public class getAccessToken {
    public String getAuth() {
        // 官网获取的 API Key
        String clientId = "tSCIaEMLTc7R6IbGal...";
        // 官网获取的 Secret Key
        String clientSecret = "Beo89g43gkcKRtqNIC5bq17QK...";
        return getAuth(clientId, clientSecret);
    }
    public String getAuth(String ak, String sk) {
        // 获取 token 地址
        String authHost = "https://aip.baidubce.com/oauth/2.0/token?";
        String getAccessTokenUrl = authHost
                // 1. grant_type 为固定参数
                + "grant_type=client_credentials"
                // 2. 官网获取的 API Key
                + "&client_id=" + ak
                // 3. 官网获取的 Secret Key
                + "&client_secret=" + sk;
        try {
            URL realUrl = new URL(getAccessTokenUrl);
            // 打开和 URL 之间的连接
            HttpURLConnection    connection    =    (HttpURLConnection)    realUrl.
openConnection();
            connection.setRequestMethod("GET");
```

```
        connection.connect();
        // 获取所有响应头字段
        Map<String, List<String>> map = connection.getHeaderFields();
        // 遍历所有响应头字段
        for (String key : map.keySet()) {
            System.err.println(key + "--->" + map.get(key));
        }
        // 定义 BufferedReader 输入流来读取 URL 的响应
         BufferedReader        in        =        new        BufferedReader(new
InputStreamReader(connection.getInputStream()));
        String result = "";
        String line;
        while ((line = in.readLine()) != null) {
            result += line;
        }
        /**
         * 返回结果示例
         */
        System.err.println("result:" + result);
        JSONObject jsonObject = new JSONObject(result);
        String access_token = jsonObject.getString("access_token");
        return access_token;
    } catch (Exception e) {
        System.err.printf(" 获取 token 失败！ ");
        e.printStackTrace(System.err);
    }
    return null;
    }
}
```

第七步：编写 Java 请求代码，如代码 4-2 所示。

代码 4-2：Java 请求主体

```
/**
 * 通用文字识别（高精度版）
 */public class AccurateBasic {
    public static String accurateBasic() {
        // 请求 url
        String url = "https://aip.baidubce.com/rest/2.0/ocr/v1/accurate_basic";
```

```java
try {
    // 本地文件路径
    String filePath = "D:\imgDemo\img\demo\1.jpg";
    byte[] imgData = FileUtil.readFileByBytes(filePath);
    String imgStr = Base64Util.encode(imgData);
    String imgParam = URLEncoder.encode(imgStr, "UTF-8");

    String param = "image=" + imgParam;

    // 注意,这里为了简化编码,每一次请求都去获取 access_token,线上环
境 access_token 有过期时间, 客户端可自行缓存,过期后重新获取。
    String accessToken = new getAccessToken().getAuth();;
    String result = HttpUtil.post(url, accessToken, param);
    System.out.println(result);
    return result;
} catch (Exception e) {
    e.printStackTrace();
}
    return null;
}

public static void main(String[] args) {
    AccurateBasic.accurateBasic();
}}
```

代码中的本地图片如图 4-17 所示。

图 4-17　本地图片识别图

第八步:成功发送请求后返回信息如下所示。

```
{
    "words_result": [
        {
            "words": " 桃花依旧笑春风 "
        },
        {
            "words": " 人面不知何处去 "
        },
        {
            "words": " 人面桃花相映红 "
        },
        {
            "words": " 去年今日此门中 "
        },
        {
            "words": " 崔护 "
        },
        {
            "words": " 题都城南庄 "
        }
    ],
    "words_result_num": 6,
    "log_id": 1638361098987916000}
```

对于通用文字识别 API 返回参数，依据 ID 将相关信息的数据以 JSON 形式进行返回，见表 4-3。

表 4-3　通用文字识别 API 返回参数

字段	是否必选	类型	说明
log_id	是	uint64	唯一的 log id，用于问题定位
direction	否	int32	图像方向，当 detect_direction=true 时返回该字段 1：未定义 0：正向 －1：逆时针 90° －2：逆时针 180° －3：逆时针 270°
words_result_num	是	uint32	识别结果数，表示 words_result 的元素个数
words_result	是	array[]	识别结果数组
+ words	否	string	识别结果字符串

　　同样，使用 Python 语言完成通用文字识别功能只需修改核心代码部分，即获取 access_token 和发送请求部分，完成效果与 Java 语言实现一致。

　　使用 Python 语言完成 access_token 获取，如代码 4-3 所示。

代码 4-3：Python 获取 access_token

```python
def get_access_token():
    # 图像识别获取 access_token，每项功能的 id 和 secret 不同，根据需求修改
    client_id = "Saz6yhGr8EZuNx..."
    client_secret = "0jcNnPO32kii5jhat5DGVLf..."
    # client_id 为官网获取的 AK，client_secret 为官网获取的 SK
    host = "https://aip.baidubce.com/oauth/2.0/token?grant_type=client_credentials&client_id=" + client_id + "&client_secret=" + client_secret
    response = requests.get(host)
    if response:
        print(response.json())
    # 获取响应内容
    parsed_json = json.loads(str(response.json()).replace("'", "\""))
    access_token = parsed_json.get('access_token')
    str_access_token = str(access_token)
    print("access_token:" + access_token)
    return str_access_token
```

　　Python 请求主体如代码 4-4 所示。

代码 4-4：Python 请求主体

```python
# encoding:utf-8
import requestsimport base64
'''
通用物体和场景识别
'''
# 请求 URL，根据不同的 API 修改此处即可完成调用
request_url = "https://aip.baidubce.com/rest/2.0/ocr/v1/accurate_basic"
# 本地图片地址
img = r"D:\imgDemo\img\demo\1.jpg"
# 二进制方式打开图片文件
f = open(img, 'rb')
img = base64.b64encode(f.read())
params = {"image":img}
# 调取第六步获取 access_token
access_token = get_access_token()
```

```
# 拼接请求 URL
request_url = request_url + "?access_token=" + access_token
headers = {'content-type': 'application/x-www-form-urlencoded'}
response = requests.post(request_url, data=params, headers=headers)
if response:
    print (response.json())
```

2. 证件识别 API

识别中华人民共和国二代身份证、机动车行驶证,返回文字结果并进行真实性判断,如图 4-18 所示。

图 4-18　证件识别

(1)证件识别所需请求 URL、调用方法、请求参数如下所示。

①请求 URL:https://api-cn.faceplusplus.com/cardpp/v1/ocridcard。

②调用方法:POST。

③请求参数主要为 api_key 和 api_secret,具体含义见表 4-4。

表 4-4　证件识别 API 请求参数

参数	是否必选	类型	说明
image	image 和 url 二选一	string	图像数据,base64 编码后进行 urlencode,要求 base64 编码和 urlencode 后大小不超过 4 MB,最短边至少 15 px,最长边最大 4 096 px,支持 jpg/jpeg/png/bmp 格式
url	image 和 url 二选一	string	图片完整 url,url 长度不超过 1 024 字节,url 对应的图片 base64 编码后大小不超过 4 MB,最短边至少 15 px,最长边最大 4 096 px,支持 jpg/jpeg/png/bmp 格式,当 image 字段存在时 url 字段失效 请注意关闭 url 防盗链
id_card_side	是	string	-front:身份证含照片的一面 -back:身份证带国徽的一面 自动检测身份证正反面,如果传参指定方向与图片相反,支持正常识别,返回参数 image_status 字段为 "reversed_side"

参数	是否必选	类型	说明
detect_risk	否	string	是否开启身份证风险类型（身份证复印件、临时身份证、身份证翻拍、修改过的身份证）检测功能，默认不开启，即：false。 - true：开启，请查看返回参数 risk_type； - false：不开启

例如使用证件识别 API 完成检测图片功能。Java 请求代码与通用文字识别 API 中部分代码一致，此处仅展示部分不同代码，如代码 4-5 所示。

代码 4-5：证件识别返回参数

```java
import java.net.URLEncoder;
/**
* 身份证识别
*/
public class Idcard {
    public static String idcard() {
        // 请求 url
        String url = "https://aip.baidubce.com/rest/2.0/ocr/v1/idcard";
        try {
            ...
        return null;
    }
    public static void main(String[] args) {
        Idcard.idcard();
    }}
```

Python 请求如代码 4-6 所示。

代码 4-6：Python 请求

```python
# encoding:utf-8
import requestsimport base64
'''
证件识别
'''
request_url = "https://aip.baidubce.com/rest/2.0/ocr/v1/idcard"
# 二进制方式打开图片文件
...
params = {"image":img,"top_num":5}
...
```

本地上传识别图片如图 4-19 所示。

图 4-19　证件识别上传图片

执行代码发送请求后,正面证件识别会收到返回参数,如下所示。

```
{
    "log_id": 2648325511,
    "direction": 0,
    "image_status": "normal",
    "photo": "/9j/4AAQSkZJRgABA......",
    "photo_location": {
        "width": 1189,
        "top": 638,
        "left": 2248,
        "height": 1483
    },
    "card_image": "/9j/4AAQSkZJRgABA......",
    "card_location": {
        "top": 328,
        "left": 275,
        "width": 1329,
        "height": 571
    },
    "words_result": {
        " 住址 ": {
            "location": {
                "left": 267,
                "top": 453,
                "width": 459,
                "height": 99
            },
```

```
        "words": "南京市江宁区弘景大道××××号"
      },
    },
    "words_result_num": 6}
```

执行代码发送请求后，反面证件识别会收到返回参数，如下所示。

```
{
    "words_result": {
        "失效日期": {
            "words": "20390711",
            "location": {
                "top": 445,
                "left": 523,
                "width": 153,
                "height": 38
            }
        },
    },
    "log_id": "1559208562721579328",
    "words_result_num": 3,
    "error_code": 0,
    "image_status": "normal"}
```

对于证件识别返回参数，依据 ID 将相关信息的数据以 JSON 形式进行返回，见表 4-5。

表 4-5　证件识别返回参数

参数	是否必选	类型	说明
log_id	是	uint64	唯一的 log id，用于问题定位
words_result	是	array[]	定位和识别结果数组
words_result_num	是	uint32	识别结果数，表示 words_result 的元素个数
direction	是	int32	图像方向 1：未定义 0：正向 −1：逆时针 90° −2：逆时针 180° −3：逆时针 270°

续表

参数	是否必选	类型	说明
image_status	是	string	normal—识别正常 reversed_side—身份证正反面颠倒 non_idcard—上传的图片中不包含身份证 blurred—身份证模糊 other_type_card—其他类型证照 over_exposure—身份证关键字段反光或过曝 over_dark—身份证欠曝（亮度过低） unknown—未知状态

使用人工智能识别检测系统，应用百度 AI 开放平台实现文字识别功能，用户可上传图片，完成对于图片内的文字的识别，并根据图片将识别出的内容返回并显示在页面上。页面效果如图 4-20 所示。

图 4-20　文字识别模块

第一步：打开编程软件（PyCharm），构建的项目结构如图 4-21 所示，characters.html 为展示页面，用于用户上传检测图片以及显示效果，index.py 文件用于后台请求 API 获取信息。

图 4-21　项目结构

第二步：编写 characters.html，如代码 4-7 所示。

代码 4-7：characters.html

```
{% include 'base.html' %}
<!-------------------------------------- 主体 -------------------------------------->
<div class="container">
    <h5 class="font-weight-bold spanborder"><span> 文字识别 </span></h5>
            ...
                <h1 class="secondfont mb-3 font-weight-bold"> 文字识别模块 </h1>
                <p class="mb-5">
                    多场景、多语种、高精度的整图文字检测和识别服务，可
识别中、英、日、韩、法、俄、西、葡、德、意等多种语言
                </p>
                <p class="mb-4">
                    {% for i in result_list %}
                        <div>  {{ i }} </div>
                    {% endfor %}
                </p>
                <div class="form-group btn btn-dark" style="width: 85%">
                    <form        action="http://localhost:5000/api/characters"
method="POST" enctype="multipart/form-data">
                        <input type="file" name="file"/>
                        <input    type="submit    value=" 检 测 识 别"
id="uploadBtn"/>
                    </form>
                </div>
```

```
                    </div>
    ...
    <!-------------------------- 更多 ------------------------->
    <!-------------------------- 尾部 ------------------------->
    {% include 'foot.html' %}
    </body>
    </html>
```

第三步：编写 index.py，获取 access_token，编写跳转路由、发送请求，获取请求结果，筛选信息并返回至页面，如代码 4-8 所示。

代码 4-8：index.py

```python
# 获取 access_token
def get_access_token(param):
    client_id = " "
    client_secret = " "
    if param == "characters":
        client_id = "l5RYzhXhIp6..."
        client_secret = "FgTpOQvFe2yjiY2t..."
    # client_id 为官网获取的 AK，client_secret 为官网获取的 SK
    ...
    return str_access_token


# 文字识别 API 路由
@app.route('/demo/characters')
def characters_template():
    img = r"D:\AISys\static\img\demo\show4.jpg"
    img = img2base64(img)
    return render_template("demo/characters.html", img=img)


# 文字识别 API 主体
@app.route('/api/characters', methods=['GET', 'POST'])
def get_characters():
    result_list = []
    f = request.files['file']
    img = base64.b64encode(f.read())
    request_url = "https://aip.baidubce.com/rest/2.0/ocr/v1/accurate_basic"
    params = {"image": img}
    access_token = get_access_token("characters")
```

```
request_url = request_url + "?access_token=" + access_token
headers = { 'content-type' : 'application/x-www-form-urlencoded' }
response = requests.post(request_url, data=params, headers=headers)
if response:
        print(response.json())
# 根据需要返回参数
parsed_json = json.loads(str(response.json()).replace(" ' ", "\ ""))
    for words in parsed_json[ 'words_result' ]:
# 提取文字
word = words[ 'words' ]
        result_list.append(word)
        print(word)
img = str(img, 'utf-8' )
return render_template("demo/characters.html", img=img, result_list=result_list)
```

第四步：运行系统效果如图 4-22 所示。

图 4-22　人工智能识别检测——文字识别模块

　　第五步：选择图片，点击"检测识别"，可分析出上传图片的信息，此处返回图片中的文字信息为一首古诗，效果如图 4-23 所示。

图 4-23　上传图像识别效果

在本次任务中,读者体验了百度智能云文字识别 API,为下一阶段的学习打下了坚实的基础。了解了如何调用 API,加深了对 API 相关概念的了解,掌握了基本的 API 技术。

JSON	JS 对象简谱(一种轻量级的数据交换格式)
OCR	光学字符识别
character recognition	文本识别
token	象征
header	头部
ID	身份标识号码
PDF	可携带文件格式
character	文字
request	请求

response　　　　　　　　　　　　　　　　　　响应

一、选择题

1. 下列关于文字识别错误的是（　　　）。

A. 处于探索阶段　　　B. 处于研发阶段　　　C. 处于发展阶段　　　D. 处于实用阶段

2. 办公文档识别 API 请求参数不包括哪个（　　　）。

A. image　　　　　　B. pdf_file_num　　　C. detect_direction　　D. image_url

3. 通用文字识别 API 返回参数不包括哪个（　　　）。

A. log_id　　　　　　B. result　　　　　　C. direction　　　　　D. words_result

4. 通用文字识别 API 请求参数不正确的是（　　　）。

A. Image　　　　　　B. pdf_file　　　　　C. url　　　　　　　D. api_secret

5. 网络图片文字识别 API 返回参数不包括哪个（　　　）。

A. log_id　　　　　　　　　　　　　　　B. words_result

C. detect_direction　　　　　　　　　　D. words_result_num

二、填空题

1. 文字识别的目标是对定位好的 _____ 进行识别，主要解决的是将一串 _____ 转录为对应的 _____ 的问题。

2. 文字识别流程一般包括 _____、_____、_____ 等。

3. 医疗场景识别可以为医院或诊所提供对 _____、_____、各类检测报告等的识别。

4. 支付票据识别是对企业在业务流通中所需的各类 _____ 原始票据或者 _____ 进行自动分类与识别服务。

5. 物流辅助服务识别是指对物流应用场景中的 _____、_____、_____ 等进行智能化的识别。

三、简答题

1. 文字识别的基本概念是什么？

2. 文字识别 API 应用场景有哪些？

项目五　人工智能识别检测系统语音识别构建

通过学习语音识别 API 接口相关知识,读者可以认识到语音识别的作用,掌握使用语音识别 API 实现各种具体功能的方法,具有使用语音识别 API 来实现语音录音识别任务的能力,在任务实施过程中:

- 了解语音识别的基本概念;
- 熟悉语音识别 API 应用场景;
- 掌握百度语音识别 API 调用方法;
- 具有使用 API 接口完成业务功能的能力。

【情景导入】

让计算机能听、能看、能说、能感觉,是未来人机交互的发展方向,其中语音交互成为近年来最被看好的人机交互方式。与其他的交互方式相比,语音有更多的优势,比如输入方便,不用记忆特别指令等。这使得语音识别技术进入了工业、家电、通信、汽车电子、医疗、家庭服务、消费电子产品等各个领域。本项目通过对人工智能识别检测系统的语音识别构建,使读者了解了语音识别 API 的具体使用方法。

【功能描述】

● 构建人工智能识别检测系统语音识别显示页面;
● 创建语音识别应用;
● 获取语音识别结果。

技能点 1　语音识别基本概念

语音识别也被称为自动语音识别(Automatic Speech Recognition,ASR),是一种将人类语音中的词汇内容转换为计算机可读的输入数据(二进制编码、字符序列等)的技术,如图5-1 所示。语音识别技术的应用包括语音拨号、语音导航、室内设备控制、语音文档检索、听写数据录入等。语音识别技术与其他自然语言处理技术如机器翻译及语音合成技术相结合,可以构建出更加复杂的应用,例如语音到语音的翻译。

图 5-1　语音识别应用过程

　　目前,主流的语音识别 API 可以根据用户提交的语音数据,实现短语音识别、语音文件转录、实时语音识别、长文本语音合成等应用。

技能点 2　语音识别 API 应用场景

　　语音识别技术的发展极大地丰富了人机交互的方式,现可应用于智能家居、社交聊天、实时翻译、手机智能助手等场景。

　　1)智能家居

　　传统的智能家居控制系统一般以集中控制器为中心,采用界面按键操作的方式来控制家居家电,其弊端是操作复杂,必须在固定地点操作。而带有语音识别技术的智能家居使得人机交互的方式更加自然和容易,极大地提升了家居的便利性,如图 5-2 所示。

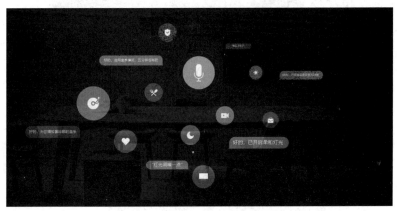

图 5-2　基于语音控制的智能家居

　　2)社交聊天

　　在使用社交 APP 进行聊天时,直接用语音输入的方式将想要说的话转写成文字,可使输入变得更加快捷。或者在收到语音消息却不方便播放或者无法播放时,可直接将语音转换成文字进行查看,很好地满足了多样化的聊天场景,为用户提供了方便,语音输入聊天如图 5-3 所示。

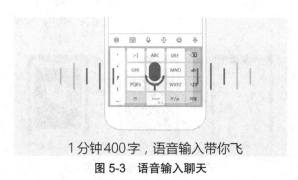

1分钟400字,语音输入带你飞

图 5-3　语音输入聊天

课程思政:打造清朗的网络空间

从老百姓的衣食住行到国家重要基础设施安全,互联网无处不在。一个安全、稳定、繁荣的网络空间,对一国乃至世界和平与发展越来越具有重大意义。如何治理互联网、用好互联网是我国需要关注、研究、投入的大问题,没有人能置身事外。党的二十大报告中指出,要"加强全媒体传播体系建设,塑造主流舆论新格局。健全网络综合治理体系,推动形成良好网络生态。"我们在日常生活中,要弘扬积极健康、向上向善的网络文化,做到正能量充沛、主旋律高昂,营造一个风清气正的网络空间。

3)实时翻译

在一些需要与使用其他语言的人进行交流的场合,请一个实时的翻译人员往往代价高昂,现如今很多公司基于语音识别与翻译等技术开发出了可一边录入语音信息一边进行翻译的翻译机,极大地方便了语言不通场合的交流。如图 5-4 所示,人们使用翻译机进行交流。

图 5-4　翻译机的使用

4)手机智能助手

手机智能语音助手几乎是所有智能手机上必备的功能,使用者可以通过语音输入的方式,来搜索用户想要了解的信息,如明日天气、附近的餐厅、今日新闻等,手机智能助手甚至可以直接帮助用户订位、订票。苹果手机智能助手 Siri 如图 5-5 所示。

图 5-5　苹果 Siri 语音助手

技能点 3　百度语音识别 API 调用

百度智能云提供了多种语音识别应用，包括短语音识别、实时语音识别、音频文件转写等，可适用于手机语音输入、智能语音交互、语音指令、语音搜索、音视频字幕生成、直播质检、会议记录等场景。

百度语音识别请求 URL 见表 5-1。调用每个接口时，只需按照要求对照表中 URL 进行请求，获取返回参数。

表 5-1　百度语音识别请求 URL

请求 URL 内容	说明
短语音识别	http://vop.baidu.com/server_api
音频文件转写	https://aip.baidubce.com/rpc/2.0/aasr/v1/create?access_token=
获取音频文件转写结果	https://aip.baidubce.com/rpc/2.0/aasr/v1/query?access_token=
实施语音识别	使用 WebSocket 协议的连接方式

1. 短语音识别

短语音识别 API 用于将 60 秒以内的语言精准识别为文字，支持普通话、粤语、四川话以及英语识别。

（1）应用场景。

随着人工智能技术的发展，语音识别技术正在崭露头角。它可以将人类所说的语言转化为文字，为生活和工作带来诸多便利，例如实时语音搜索、语音指令等场景。

● 实时语音搜索

短语音识别可用于语音搜索中，将搜索的内容直接以语音的方式输入，可应用于手机搜索、网页搜索、车载搜索等多种搜索场景,如图 5-6 所示,这些应用很好地解放了人们的双手,让搜索变得更加高效。

图 5-6　语音搜索 APP

● 语音指令

短语音识别可用于语音指令中,不需要手动操作,可通过语音直接对设备或者软件发布命令,控制其进行操作,适用于手机语音助手、智能硬件等场景。语音指令如图 5-7 所示。

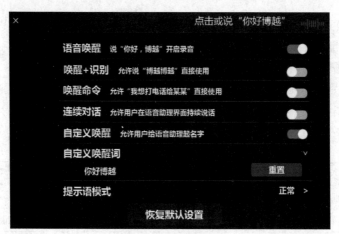

图 5-7　语音指令

(2)请求说明。

①请求 URL:http://vop.baidu.com/server_api。

②接口请求方式:POST。

③接口支持的语音数据格式包括:pcm(不压缩)、wav(不压缩,pcm 编码)、amr(压缩格式)、m4a(压缩格式)。推荐采用 pcm。采样率为 16 000、8 000(仅支持普通话模型)固定值。编码为 16 bit 位深的单声道。百度服务端会将非 pcm 格式转为 pcm 格式,因此使用 wav、amr、m4a 会有额外的转换耗时。

语音数据上传 POST 方式有以下 2 种。

★JSON 方式

采用该种方式对语音数据文件读取二进制内容后,进行 base64 编码后放在 speech 参数

内。音频文件的原始大小，即二进制内容的字节数，填写 len 字段内，请求头 Content-Type
参数为：

Content-Type:application/json

JSON 中可填写的参数见表 5-2 和表 5-3。

表 5-2　JSON 上传方式参数

参数	类型	是否必选	说明
format	string	必填	语音文件的格式包括 pcm/wav/amr/m4a。不区分大小写，推荐 pcm 文件
rate	int	必填	采样率：16 000、8 000，固定值
channel	int	必填	声道数，仅支持单声道，请填写固定值 1
cuid	string	必填	用户唯一标识，用来区分用户，计算 UV 值。建议填写能区分用户的机器 MAC 地址或 IMEI 码，长度为 60 字符以内
token	string	必填	根据开发者密钥生成的 Access Token
dev_pid	int	选填	识别模型，默认值 1537（普通话），其他值见表 5-3
lm_id	int	选填	自训练平台模型 id，填 dev_pid = 1537 生效
speech	string	必填	本地语音文件的二进制语音数据，需要进行 base64 编码。与 len 参数连在一起使用
len	int	必填	本地语音文件的的字节数，单位为字节

表 5-3　dev_pid 参数列表

参数	是否必选	类型	说明	自定义词库
1537	普通话（纯中文识别）	语音近场识别模型	有标点	支持自定义词库
1737	英语	英语模型	无标点	不支持自定义词库
1637	粤语	粤语模型	有标点	不支持自定义词库
1837	四川话	四川话模型	有标点	不支持自定义词库
1936	普通话远场	远场模型	有标点	不支持自定义词库

★RAW 方式

采用该种方式对语音数据文件读取二进制内容后，直接放在 body 中，content-Length 的
值即为音频文件的大小，控制参数以及相关统计信息通过 header 和 url 中的参数传递。由
于使用 raw 方式，采样率和文件格式需要填写在 Content-Type 中：

Content-Type: audio/formate;rate=16000

其中参数说明见表 5-4。

表 5-4　RAW 方式请求头 Content-Type 中参数

参数	是否必选	类型	说明
format	string	必填	语音文件的格式包括 pcm/wav/amr/m4a。不区分大小写。推荐 pcm 文件
rate	int	必填	采样率：16 000、8 000，固定值

URL 中可传递参数说明见表 5-5。

表 5-5　RAW 上传方式参数

参数	是否必选	类型	说明
cuid	string	必填	用户唯一标识，用来区分用户，计算 UV 值。建议填写能区分用户的机器 MAC 地址或 IMEI 码，长度为 60 字符以内
token	string	必填	根据开发者密钥生成的 Access Token
dev_pid	int	选填	不填写 len 参数生效，都不填写，默认 1537
lm_id	int	选填	自训练平台模型 id，填 dev_pid = 1537 生效

下面以 Java 语言为例，以上传 JSON 的方式实现短语音识别。首先准备一个语音文件，名称为 asr1.wav，如图 5-8 所示，文件中的语音信息是用普通话说出的"北京科技馆"。

图 5-8　待识别的短语音文件

本例中使用项目二中的代码 2-3 来获取 access token，全部请求代码如代码 5-1 所示。

代码 5-1：Java 请求

```java
public class Demo1 {
    public static final String API_KEY = "DRCxzMr2...";
    public static final String SECRET_KEY = "XhoPijnyAQDi...";
```

```
static final OkHttpClient HTTP_CLIENT = new OkHttpClient().newBuilder().build();

public static void main(String []args) throws IOException{
    GetAccessToken getAccessToken = new GetAccessToken();
    MediaType mediaType = MediaType.parse("application/json");
    RequestBody    body    =    RequestBody.create(mediaType,    "{\"format\":\"wav\",
\"rate\":16000,\"channel\":1,\"cuid\":\"xtASR\",\"token\":\""+getAccessToken.getAuth(API_
KEY,SECRET_KEY)+"\",\"dev_pid\":1537,\"speech\":\""+getFileContentAsBase64("D:\\asr1.
wav")+"\",\"len\":129998}");
    Request request = new Request.Builder()
        .url("https://vop.baidu.com/server_api")
        .method("POST", body)
        .addHeader("Content-Type", "application/json")
        .addHeader("Accept", "application/json")
        .build();
    Response response = HTTP_CLIENT.newCall(request).execute();
    System.out.println(response.body().string());

}
    static String getFileContentAsBase64(String path) throws IOException {
    byte[] b = Files.readAllBytes(Paths.get(path));
    return Base64.getEncoder().encodeToString(b);
    }
}
```

执行代码 5-1 发送请求后，响应数据如下。

```
{
    "corpus_no": "7215037909001626566",
    "err_msg": "success.",
    "err_no": 0,
    "result": [
        " 北京科技馆。 "
    ],
    "sn": "285657987951679881920"
}
```

响应中可返回的参数见表 5-6。

表 5-6　短语音识别 API 返回参数

字段	类型	是否必选	说明
err_no	int	必填	错误码
err_msg	string	必填	错误码描述
sn	string	必填	语音数据唯一标识,系统内部产生
result	string	必填	语音识别结果

使用 Python 语言同样可以发送请求,使用项目二中的代码 2-1 来获取 access token,全部请求代码如代码 5-2 所示。

代码 5-2:Python 请求

```python
API_KEY = "DRCxzMr2s4..."
SECRET_KEY = "XhoPijny..."

def main():
    url = "https://vop.baidu.com/server_api"
    # speech 可以通过 get_file_content_as_base64("D:\ asr1.wav",False) 方法获取
    payload = json.dumps({
        "format": "wav",
        "rate": 16000,
        "channel": 1,
        "cuid": "xtASR",
        # get_access_token() 方法获取 token 详细方法见项目二代码 2-1
        "token": get_access_token(),
        "speech": "UklGRsb7AQBXQVZFZm10IBAAAAABAAEAgD4AAAB9AAACAB
AATElTVBoAAABJTkZPSVNGVA4AAABMYXZmNTcuNzEuMTAwAGRhdGGA...",
        "len": 129998
    })
    headers = {
        'Content-Type': 'application/json',
        'Accept': 'application/json'
    }
    response = requests.request("POST", url, headers=headers, data=payload)
    print(response.text)

def get_file_content_as_base64(path, urlencoded=False):
    with open(path, "rb") as f:
```

```
            content = base64.b64encode(f.read()).decode("utf8")
            if urlencoded:
                content = urllib.parse.quote_plus(content)
        return content

    if __name__ == '__main__':
        main()
```

2. 音频文件转写

音频文件转写 API 用于将大批量的音频文件异步转写为文字,支持汉语、英语音频文件的转写。

(1)应用场景。

人工智能在日常生活中的应用已经非常广泛了。除了 ChatGPT 这种对话生成式 AI,语音转文字技术也可以在很多场景中派上用场。比如智能客服、音视频字幕生产等场景。

● 智能客服

企业设置的呼叫中心的智能转写功能,可实时记录客户询问的问题,使语音客服机器人可以更好地查询和匹配来回答问题,从而有效地解决简单而又具有重复性的工作。语音客服机器人示意图如图 5-9 所示。

图 5-9　语音客服机器人

● 音视频字幕生产

音频文件转写技术可用于字幕生成中,可将直播和录播视频中的语音转换为文字,能轻松便捷地生成字幕,如图 5-10 所示。

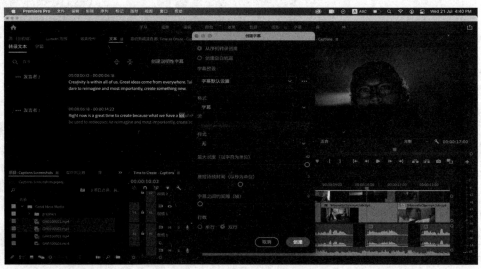

图 5-10　pr 识别语音自动生成字幕

（2）请求说明。

①请求 URL：https://aip.baidubce.com/rpc/2.0/aasr/v1/create?access_token=。

②接口请求方式：POST。

③请求 URL 中需附带 access_token 参数，该参数是通过 API Key 和 Secret Key 获取的，Body 中放置请求参数，语音数据和其他参数通过标准 JSON 格式串行化 POST 上传，包括的参数见表 5-7。

表 5-7　音频文件转写 API 请求参数

参数	类型	是否必选	说明
speech_url	string	是	音频 url，音频大小不超过 500 MB
format	string	是	支持的音频格式：mp3/wav/pcm/m4a/amr。单声道，编码 16 bits 位深
pid	int	是	支持的语言类型：80001（中文语音近场识别模型极速版），80006（中文音视频字幕模型），1737（英文模型）
rate	int	是	采样率，固定值：16 000
token	string	必填	根据开发者密钥生成的 Access Token

使用 Java 语言发送音频文件转写 API 的请求，将代码 5-1 中的部分代码修改为代码 5-3 中的内容，并删除 getFileContentAsBase64()，即可完成请求编写。具体如代码 5-3 所示。

代码 5-3：Java 请求

```
public class Demo2 {
...
    public static void main(String []args) throws IOException{
        ...
        RequestBody  body  =  RequestBody.create(mediaType,  "{\"speech_url\":\"https://
platform.bj.bcebos.com/sdk%2Fasr%2Fasr_doc%2Fdoc_download_files%2F16k.
pcm\",\"format\":\"pcm\",\"pid\":80001,\"rate\":16000}");
        Request request = new Request.Builder()
            .url("https://aip.baidubce.com/rpc/2.0/aasr/v1/create?access_token="        +
getAccessToken.getAuth(API_KEY,SECRET_KEY))
            .method("POST", body)
            .addHeader("Content-Type", "application/json")
            .addHeader("Accept", "application/json")
            .build();
        ...
    }
}
```

使用 Python 语言发送音频文件转写 API 的请求，将代码 5-2 中的部分代码修改为代码 5-4 中的内容，并删除 get_file_content_as_base64()，即可完成请求编写。

代码 5-4：Python 请求

```
    ...
    def main():
        url  =  "https://aip.baidubce.com/rpc/2.0/aasr/v1/create?access_token="  +  get_access_
token()
        payload = json.dumps({
            "speech_url":          "https://platform.bj.bcebos.com/sdk%2Fasr%2Fasr_doc%2Fdoc_
download_files%2F16k.pcm",
            "format": "pcm",
            "pid": 80001,
            "rate": 16000
        })
    ...
```

执行完代码 5-3 后，响应如下。

```
// 创建成功
{
    "log_id": 16799920571314988,
    "task_status": "Created",
    "task_id": "6423faca2338490001b17f8d"
}
// 创建失败
{
    "error_code": 336203,
    "error_msg": "missing param: speech_url",
    "log_id": 5414433131138366128
}
```

API 接口的响应参数说明见表 5-8。

表 5-8　音频文件转写 API 返回参数

字段	类型	是否必选	说明
log_id	int	是	返回日志 id
task_id	string	否	任务 id，用户获取请求识别结果
task_status	string	否	任务状态
error_code	int	否	错误码
error_msg	string	否	错误信息

3. 获取音频文件转写结果

请求说明如下。

该接口可根据 task_id 的数组批量查询音频转写任务结果。

①请求 URL：https://aip.baidubce.com/rpc/2.0/aasr/v1/query?access_token=。

②接口请求方式：POST。

③请求 URL 中需附带 access_token 参数，该参数是通过 API Key 和 Secret Key 获取的，Body 中放置请求参数，包括的参数见表 5-9。

表 5-9　获取音频文件转写结果 API 请求参数

参数	类型	是否必选	说明
task_ids	list	是	查询的文件转写任务 id 列表，当 task_ids 为空时，返回空任务结果列表；单次查询任务数不超过 200 个

　　使用 Java 语言获取音频文件转写结果 API 的请求，将代码 5-1 中的部分代码修改为代码 5-5 中的内容，并删除 getFileContentAsBase64()，即可完成请求编写。

代码 5-5：Java 请求

```java
class Demo3 {
    ...
    public static void main(String []args) throws IOException{
        ...
        RequestBody body = RequestBody.create(mediaType, "{\"task_ids\":[\"6423faca2338
490001b17f8d\"]}");
        Request request = new Request.Builder()
            .url("https://aip.baidubce.com/rpc/2.0/aasr/v1/query?access_token="    +
getAccessToken.getAuth(API_KEY,SECRET_KEY))
            .method("POST", body)
            .addHeader("Content-Type", "application/json")
            .addHeader("Accept", "application/json")
            .build();
        ...
    }
}
```

使用 Python 语言发送音频文件转写 API 的请求，将代码 5-2 中的部分代码修改为代码 5-6 中的内容，并删除 get_file_content_as_base64()，即可完成请求编写。

代码 5-6：Python 请求

```python
    ...
    def main():
        url = "https://aip.baidubce.com/rpc/2.0/aasr/v1/query?access_token=" + get_access_
token()
        payload = json.dumps({
            "task_ids": [
                "6423faca2338490001b17f8d"
            ]
        })
    ...
```

执行完代码 5-5 后，响应如下。

```
{
    "log_id": 16800799117914548,
    "tasks_info": [
        {
            "task_status": "Success",
            "task_result": {
                "result": [
                    " 北京科技馆。 "
                ],
                "audio_duration": 4050,
                "detailed_result": [
                    {
                        "res": [
                            " 北京科技馆。 "
                        ],
                        "end_time": 4050,
                        "begin_time": 0,
                        "words_info": [],
                        "sn": "637845670271680079579",
                        "corpus_no": "7215886847892786979"
                    }
                ],
                "corpus_no": "7215886847892786979"
            },
            "task_id": "6423faca2338490001b17f8d"
        }
    ]
}
```

API 接口的响应参数说明见表 5-10。

表 5-10　获取音频文件转写结果 API 返回参数

字段	类型	是否必选	说明
log_id	int	是	log id
tasks_info	list	否	多个任务的结果
task_id	string	是	任务 id
task_status	string	是	任务状态
task_result	dict	否	转写结果的 json 格式

续表

字段	类型	是否必选	说明
result	string	否	转写结果
audio_duration	int	否	音频时长（毫秒）
detailed_result	list	否	转写详细结果
err_no	int	否	转写失败错误码
err_msg	string	否	转写失败错误信息
error_code	int	否	请求错误码
error_msg	string	否	请求错误信息
error_info	list	否	错误的或查询不存在的 taskid 数组

4. 实时语音识别

该 API 可将不限时长的音频流实时识别为文字，接口采用 WebSocket 协议的连接方式，可以边上传音频边获取识别结果。

（1）应用场景。

实时语音识别技术可用于实时记录重要会议、庭审、采访的内容，使记录者能第一时间以文字的形式整理并发布会议内容，有效降低人工记录的成本、提升效率，如图 5-11 所示。

图 5-11　会议内容实时记录

（2）请求说明。

实时语音识别请求在使用时通过 WebSocket 协议来建立连接，连接后通信双方都可以不断发送数据。

连接 URL 为：wss://vop.baidu.com/realtime_asr?sn=XXXX-XXXX-XXXX-XXX。

其中参数 sn 由用户自定义，用于排查日志，建议使用随机字符串如 UUID 生成，sn 的格式为英文数字及"-"，长度在 128 个字符内，即 [a-zA-Z0-9-]{1, 128}。

使用 WebSocket 协议建立连接并实现实时语音识别的全部流程及解释如下。

①开始连接。指 TCP 连接及握手（Opening Handshake），一般 WebSocket 库已经封装。

②连接成功后发送数据。分为 4 个部分，即发送开始参数帧、实时发送音频数据帧、库接收识别结果和发送结束帧，具体说明如下。

★ 发送开始参数帧。帧是指一次发送的内容，按类型分为文本帧和二进制帧两种，发送帧指将帧从客户端发送到服务端。

★ 实时发送音频数据帧。此时的数据帧分为文本帧和二进制帧。文本帧是指实时语音识别 API 发送的第一个开始参数帧和最后一个结束帧，文本的格式是 JSON；二进制帧是实时语音识别 API 发送的中间的音频数据帧。

★ 库接收识别结果。指将帧从服务端发送到客户端，在客户端进行接收，此时的数据帧的内容依据发送的情况同样分为文本帧和二进制帧。文本帧会识别结果或者报错，文本的格式是 JSON；二进制帧在实时语音识别 API 时不会收到二进制帧。

★ 发送结束帧。百度服务端识别结束后会自行关闭连接，部分 WebSocket 库需要在收到该事件后手动关闭客户端连接。

③关闭连接。

流程中不同类型的帧所需参数如下。

a. 开始帧。

开始帧的数据结构示例如以下代码所示。

```
{
    "type": "START",
    "data": {
        "appid": 105xxx17,
        "appkey": "UA4oPSxxxxkGOuFbb6",
        "dev_pid": 15372,
        "lm_id": xxxx,
        "cuid": "cuid-1",
        # 固定参数
        "format": "pcm",
        "sample": 16000
    }
}
```

其中可用的参数见表 5-11 和表 5-12。

表 5-11　开始帧参数

参数	类型	是否必选	说明
type	string	必填	帧的类型，开始帧需填固定值：START
data	array	必填	开始帧数据，可包含后 7 条字段
appid	int	必填	控制台网页上应用的鉴权信息 AppID

参数	类型	是否必选	说明
apikey	string	必填	控制台网页上应用的鉴权信息 API Key
dev_pid	int	必填	识别模型,推荐 15372,可用值见表 5-12
lm_id	int	可选	填入自训练平台训练上线的模型 id,需要和训练的基础模型 dev-pid 对齐
cuid	string	必填	统计 UV 使用,发起请求设备的唯一 id,如服务器的 MAC 地址。随意填写不影响识别结果。长度在 128 个字符内,即 [a-zA-Z0-9-_]{1, 128}
format	string	必填	固定格式:pcm
sample	int	必填	固定采样率:16 000

表 5-12　实时语音识别可用的识别模型

PID	类型	是否有标点及后处理	推荐场景
1537	中文普通话	弱标点(逗号、句号)	手机近场输入
15372	中文普通话	加强标点(逗号、句号、问号、感叹号)	手机近场输入
1737	英语	无标点	手机近场输入
17372	英语	加强标点(逗号、句号、问号)	手机近场输入
80002	音视频直播(中文)	弱标点(逗号)	音视频内容分析、质检审核
80003	音视频字幕(中文)	弱标点(逗号)	高实时性字幕生产
80004	音视频字幕(中文)	加强标点(逗号、句号、问号、感叹号)	音视频字幕生产

b. 音频数据帧。

音频数据帧的内容需是二进制的音频内容,在传送过程中,除最后一个音频数据帧外,每个帧的音频数据长度应为 20~200 ms,建议使用 160 ms 一个帧。实时语音识别 API 建议实时发送音频时,每个帧间需要间隔,如在每个 160 ms 的帧之间,添加一个 160 ms 的间隔。

c. 结束帧。

结束帧的类型是 Text,需使用 JSON 进行序列化,编写格式如下:

```
{
    "type":"FINISH"
}
```

其中参数 type 是帧的类型,结束帧需填固定值:FINISH。

d. 取消帧。

取消与结束不同,结束表示音频正常结束,取消表示不再需要识别结果,服务端会迅速关闭连接。取消帧的类型是 Text,需使用 JSON 进行序列化,编写格式如下:

```
{
    "type":"CANCEL"
}
```

其中参数 type 是帧的类型,取消帧需填固定值:CANCEL。

e. 心跳帧。

心跳帧在连接过程中出现网络异常,需要补传时使用,类型是 Text,使用 JSON 进行序列化,编写格式如下:

```
{
    "type":" HEARTBEAT"
}
```

其中参数 type 是帧的类型,心跳帧需填固定值:HEARTBEAT。

使用 Java 语言进行实时语音识别的代码如代码 5-7 所示,在示例中,使用一个语音文件模拟手机麦克风获取语音数据的情况。

代码 5-7:Java 请求

```java
public class Demo4 {

    private InputStream inputStream;
    private volatile boolean isClosed = false;

    public static void main(String[] args) {
        Demo4 demo4 = new Demo4("D:\\16k-0.pcm");
        Demo4.run();
    }
    public Demo4(String filename){
        File file = new File(filename);
        try {
            inputStream = new FileInputStream(file);
        } catch (FileNotFoundException e) {
            e.printStackTrace();
        }
    }

    /**
     * 发起请求
     */
    public void run() {
```

```
        OkHttpClient  client  =  new  OkHttpClient.Builder().connectTimeout(2000,
TimeUnit.MILLISECONDS).build();
        String  url  =  "ws://vop.baidu.com/realtime_asr?sn="+  UUID.randomUUID().
toString();

        Request request = new Request.Builder().url(url).build();
        client.newWebSocket(request, new WListener()); // WListener 为回调类
        client.dispatcher().executorService().shutdown();
    }


    /**
     * WebSocket 事件回调
     */
    private class WListener extends WebSocketListener {


        /**
         * STEP 2. 连接成功后发送数据
         */
        @Override
        public void onOpen(@NotNull WebSocket webSocket, @NotNull Response
response) {
            super.onOpen(webSocket, response);
            new Thread(() -> {
                try {
                    // STEP 2.1 发送开始参数帧
                    sendStartFrame(webSocket);
                    // STEP 2.2 实时发送音频数据帧
                    sendAudioFrames(webSocket);
                    // STEP 2.4 发送结束帧
                    sendFinishFrame(webSocket);
                } catch (JSONException e) {
                    throw new RuntimeException(e);
                }
            }).start();
        }


        /**
```

```
 * STEP 2.1 发送开始参数帧
 */
private void sendStartFrame(WebSocket webSocket) throws JSONException {
    JSONObject params = new JSONObject();
    params.put("appid", 22977130);
    params.put("appkey", "DRCxzMr2s4LGA");
    params.put("dev_pid", 15372);
    params.put("cuid", "self_defined_server_id");
    params.put("format", "pcm");
    params.put("sample", 16000);
    JSONObject json = new JSONObject();
    json.put("type", "START");
    json.put("data", params);
    webSocket.send(json.toString());
}


/**
 * STEP 2.2 实时发送音频数据帧
 */
private void sendAudioFrames(WebSocket webSocket) {
    // 数据帧大小：160ms * 16000 * 2bytes / 1000ms = 5120bytes
    byte[] buffer = new byte[5120];
    int readSize;
    long nextFrameSendTime = System.currentTimeMillis();
    do {

        // 数据帧之间需要有间隔时间，间隔时间为上一帧的音频长度
        sleep(nextFrameSendTime - System.currentTimeMillis());
        try {
            readSize = inputStream.read(buffer);
        } catch (IOException | RuntimeException e) {
            readSize = -2;
        }
        if (readSize > 0) { // readSize = -1 代表流结束
            ByteString bytesToSend = ByteString.of(buffer, 0, readSize);
            nextFrameSendTime = System.currentTimeMillis() + bytesToTime
(readSize);
            webSocket.send(bytesToSend);
```

```
        }
    } while (readSize >= 0);
}

/**
 * STEP 2.4 发送结束帧
 *
 */
private void sendFinishFrame(WebSocket webSocket) throws JSONException {
    JSONObject json = new JSONObject();
    json.put("type", "FINISH");
    webSocket.send(json.toString());
}

/**
 * STEP 2.3 库接收识别结果
 */
@Override
public void onMessage(@NotNull WebSocket webSocket, @NotNull String
text) {

    super.onMessage(webSocket, text);
    if (text.contains("\"TYPE_HEARTBEAT\"")) {
        System.out.println("receive heartbeat: " + text.trim());
    } else {
        System.out.println("receive text: " + text.trim());
    }
}

/**
 * STEP 3. 关闭连接
 * 服务端关闭连接事件
 */
@Override
public void onClosing(@NotNull WebSocket webSocket, int code, @NotNull
String reason) {

    super.onClosing(webSocket, code, reason);
    // 客户端关闭
    webSocket.close(1000, "");
```

```
    }

    /**
     * 客户端关闭回调
     */
    @Override
    public void onClosed(@NotNull WebSocket webSocket, int code, @NotNull
String reason) {
        super.onClosed(webSocket, code, reason);
        isClosed = true;
    }

    /**
     * 库自身的报错，如断网
     */
    @Override

    public void onFailure(@NotNull WebSocket webSocket, @NotNull Throwable
t, @Nullable Response response) {
        super.onFailure(webSocket, t, response);
        isClosed = true;
    }

    /**
     * sleep 方法
     */
    public void sleep(long millis) {
        if (millis <= 0) {
            return;
        }
        try {
            Thread.sleep(millis);
        } catch (InterruptedException e) {
            e.printStackTrace();
            throw new RuntimeException(e);
        }
    }
```

```
/**
 * 字节数转为毫秒
 */
public int bytesToTime(int size) {
    int bytesToMs = 16000 * 2 / 1000; // 16000 的采样率，16bits=2bytes，
1000ms
    return size / bytesToMs;
}
    }
}
```

执行完代码 5-7 后，控制台输出如下。

receive text: {"type":"HEARTBEAT"}

receive text: {"err_no":0,"err_msg":"OK","log_id":2643855063,"sn":"5558400e-0aa9-4c3b-a798-0a5dd6a77bc8_ws_0","type":"MID_TEXT","result":" 北 ","start_time":640,"end_time":1900}

receive text: {"err_no":0,"err_msg":"OK","log_id":2643855063,"sn":"5558400e-0aa9-4c3b-a798-0a5dd6a77bc8_ws_0","type":"MID_TEXT","result":" 北 京 ","start_time":640,"end_time":2220}

receive text: {"err_no":0,"err_msg":"OK","log_id":2643855063,"sn":"5558400e-0aa9-4c3b-a798-0a5dd6a77bc8_ws_0","type":"MID_TEXT","result":" 北 京 科 ","start_time":640,"end_time":2380}

receive text: {"err_no":0,"err_msg":"OK","log_id":2643855063,"sn":"5558400e-0aa9-4c3b-a798-0a5dd6a77bc8_ws_0","type":"MID_TEXT","result":" 北 京 科 技 ","start_time":640,"end_time":2700}

receive text: {"type":"HEARTBEAT"}

receive text: {"err_no":0,"err_msg":"OK","log_id":2643855063,"sn":"5558400e-0aa9-4c3b-a798-0a5dd6a77bc8_ws_0","type":"FIN_TEXT","result":" 北 京 科 技 馆。","start_time":640,"end_time":2920,"product_id":15372,"product_line":"open"}

　　一段音频由多句话组成，实时识别 API 会依次返回每句话的临时识别结果和最终识别结果，同时服务端还会每 5 秒发送一次心跳帧，收到后可忽略。

　　临时识别结果示例如下。

{
    "err_no":0,
    "err_msg":"OK",
    "log_id": 2643855063，
    "sn": "5558400e-0aa9-4c3b-a798-0a5dd6a77bc8_ws_0"
    "type": "MID_TEXT",

```
    "result": " 北京科 ",
    "start_time":640,
    "end_time":2380
  }
```

最终识别结果示例如下。

```
  {
  "err_no":0,
  "err_msg":"OK",
  "log_id":2643855063,
  "sn":"5558400e-0aa9-4c3b-a798-0a5dd6a77bc8_ws_0",
  "type":"FIN_TEXT",
  "result":" 北京科技馆。",
  "start_time":640,
  "end_time":2920,
  "product_id":15372,
  "product_line":"open"
  }
```

识别结果中的参数说明见表 5-13。

表 5-13　识别结果参数

字段	类型	说明
err_no	int	错误码,0 表示正确
err_msg	string	错误信息,具体的报错解释
type	string	结果类型,有以下 3 种取值: ● MID_TEXT:一句话的临时识别结果 ● FIN_TEXT:一句话的最终识别结果或者报错,是否报错由 err_no 判断 ● HEARTBEAT:服务器发送的心跳帧,每 5 秒一次
result	string	音频的识别结果
start_time	int	一句话的开始时间,单位为毫秒,临时识别结果无此字段
end_time	int	一句话的结束时间,单位为毫秒,临时识别结果无此字段
logid	long	日志 id:可以使用百度服务端定位请求,排查问题
sn	string	请求 sn:通过参数 sn 可以使用百度服务端定位请求,排查问题

人工智能识别检测系统应用百度 AI 开放平台实现语音识别功能,用户可上传语音录音完成语音识别,并根据语音录音识别结果将识别出的内容返回并显示在页面上。页面效果如图 5-12 所示。

图 5-12　语音识别模块

第一步:打开编程软件(PyCharm),构建的项目结构如图 5-13 所示,sounds.html 为展示页面,用于用户上传检测语音文件以及显示效果, index.py 文件用于后台请求 API 获取信息。如图 5-13 所示。

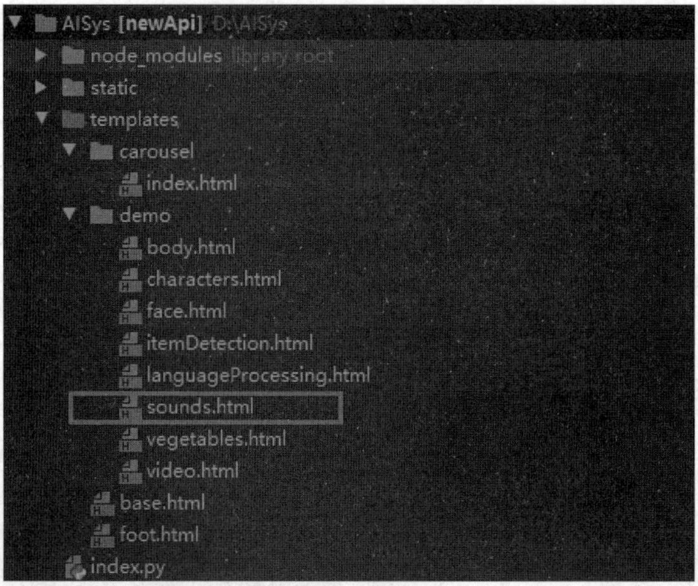

图 5-13　项目结构

第二步：编写 sounds.html，如代码 5-8 所示。

代码 5-8：sounds.html

```
{% include 'base.html' %}
<!------------------------------------ 主体 ------------------------------------>
<div class="container">
    <h5 class="font-weight-bold spanborder"><span> 语音识别 </span></h5>
    <div class="jumbotron jumbotron-fluid mb-3 pt-0 pb-0 bg-lightblue position-
relative">
        <div class="pl-4 pr-0 h-100 tofront">
            <div class="row justify-content-between">
                <div class="col-md-6 pt-6 pb-6 align-self-center">
                    <h1 class="secondfont mb-3 font-weight-bold"> 语音识别模块
</h1>
                    <p class="mb-5">
                        将短语音精准识别为文字，可适用于手机语音输入、智能
语音交互、语音指令、语音搜索等短语音交互场景
                    </p>
                    <p class="mb-4">
                        {% for i in result_list %}
                    <div> {{ i }}</div>
                        {% endfor %}
                    </p>
```

```
                              <div class="form-group btn btn-dark"
                                 style="width: 80%;position: absolute;bottom: 0;margin-
bottom: 0">
                                 <form          action="http://localhost:5000/api/sounds"
method="POST" enctype="multipart/form-data">
                                    <input type="file" name="file"/>
                                    <input    type="submit"    value="检 测 识 别"
id="uploadBtn"/>
                                 </form>
                              </div>

                           </div>
                           <div class="col-md-6 d-none d-md-block pr-0" style="background-
size:cover">
                              <img      height="100%"      width="100%"       class="img-
responsive;center-block" src="../../static/img/demo/yuyin.jpg">
                           </div>
                        </div>
                     </div>
                  </div>
               </div>
               <!-------------------------------- 更多 ------------------------------------>
               {% include 'foot.html' %}
            </body>
            </html>
```

第三步：编写 index.py，获取 access_token，编写跳转路由、发送请求以及获取请求结果，筛选信息并返回至页面，如代码 5-9 所示。

代码 5-9：index.py

```python
# 百度语音 API
@app.route('/demo/sounds')
def sounds_template():
    return render_template("demo/sounds.html")


# 百度语音 token 获取
def fetch_token():
    API_KEY = 'bwNDZ9a4g3D3...'
    SECRET_KEY = 'pAGyXC56iZRbPAsMp...'
```

```
            TOKEN_URL = 'http://aip.baidubce.com/oauth/2.0/token'
            params = {'grant_type': 'client_credentials',
                        'client_id': API_KEY,
                        'client_secret': SECRET_KEY}
            post_data = urlencode(params)
            post_data = post_data.encode('utf-8')
            req = Request(TOKEN_URL, post_data)
            try:
                f = urlopen(req)
                result_str = f.read()
            except URLError as err:
                print('token http response http code : ' + str(err.code))
                result_str = err.read()
                result_str = result_str.decode()
            print(result_str)
            result = json.loads(result_str)
            print(result)
            if ('access_token' in result.keys() and 'scope' in result.keys()):
                print('SUCCESS WITH TOKEN: %s  EXPIRES IN SECONDS: %s' %
(result['access_token'], result['expires_in']))
            return result['access_token']


        # 百度语音 API 主体
        @app.route('/api/sounds', methods=['GET', 'POST'])
        def get_sounds():
            f = request.files['file']
            timer = time.time
            # 需要识别的文件
            AUDIO_FILE = f.filename    # 只支持 pcm/wav/amr 格式, 极速版额外支持 m4a
格式
            # 文件格式
            FORMAT = AUDIO_FILE[-3:]    # 文件后缀只支持 pcm/wav/amr 格式, 极速版额
外支持 m4a 格式
            CUID = '123456PYTHON'
            # 采样率
            RATE = 16000    # 固定值
            # 普通版
```

```
    DEV_PID = 1537    # 1537 表示识别普通话，使用输入法模型。根据文档填写
PID，选择语言及识别模型
    ASR_URL = 'http://vop.baidu.com/server_api'
SCOPE = 'audio_voice_assistant_get'
# 有此 scope 表示有 asr 能力，没有请在网页里勾选，非常旧的应用可能没有

    token = fetch_token()
    speech_data = []
    speech_file = f
    speech_data = speech_file.read()
    length = len(speech_data)
    speech = base64.b64encode(speech_data)
    speech = str(speech, 'utf-8')
    params = {'dev_pid': DEV_PID,
            # "lm_id" : LM_ID,        # 测试自训练平台开启此项
            'format': FORMAT,
            'rate': RATE,
            'token': token,
            'cuid': CUID,
            'channel': 1,
            'speech': speech,
            'len': length
            }
    post_data = json.dumps(params, sort_keys=False)
    # print post_data
    req = Request(ASR_URL, post_data.encode('utf-8'))
    req.add_header('Content-Type', 'application/json')
    try:
        begin = timer()
        f = urlopen(req)
        result_str = f.read()
        print("Request time cost %f" % (timer() - begin))
    except URLError as err:
        print('asr http response http code : ' + str(err.code))
        result_str = err.read()
    result = str(result_str, 'utf-8')
    result_json = json.loads(result)
    result_list = result_json.get('result')
```

```
print(result)
return render_template("demo/sounds.html", result_list=result_list)
```

第四步：选择语音文件，点击"检测识别"，可分析出上传语音的内容，此处返回了语音"北京科技馆"。效果如图 5-14 所示。

图 5-14 语音识别效果

在本次任务中，读者完成了人工智能识别检测系统语音识别的构建，为下一阶段的学习打下了坚实的基础，了解了如何调用语音识别 API 接口完成需求功能，加深了对 API 相关概念的了解，掌握了基本的 API 技术。

automatic	自动的
speech	演说
recognition	识别

expired	过期的
channel	频道
rate	速率
duration	时长
frame	框架
interrupt	中断
invalid	无效的

一、选择题

1. 语音识别 API 错误码 300 代表什么错误（　　　）。

A. 请求总量超限额　　　B. 输入参数不正确　　　C. 服务器后端繁忙　　　D. 音频质量过差

2. 下列说法不正确的是（　　　）。

A. 语音识别是一种将人类语音中的词汇内容转换为计算机可读的输入数据的技术

B. 可通过语音识别实现语音拨号

C. 手机智能助手可通过语音命令来搜索用户想要获取的信息

D. 翻译外语语音信息，只能先完成录音，再通过识别录音文件内容进行翻译

3. 以下哪项不是 JSON 方式上传短语音数据的必选参数（　　　）。

A. format　　　　　　B. rate　　　　　　C. dev_pid　　　　　　D. cuid

4. 以下哪项不是音频文件转写的必选参数（　　　）。

A. speech_url　　　　B. channel　　　　C. pid　　　　　　D. token

5. 获取音频文件转写结果需要参数（　　　）。

A. task_ids　　　　　B. log_id　　　　　C. pid　　　　　　D. cuid

二、填空题

1. 错误码 3310 所代表的问题是 _____。

2. 短语音识别支持的语音数据格式有 pcm、_____、amr、m4a 4 种。

3. 音频文件转写支持的音频大小不超过 _____MB。

4. 音频文件转写支持的音频格式有 pcm、_____、_____、amr、m4a 5 种。

5. 帧是指一次发送的内容，按类型分为 _____ 和二进制帧 2 种。

三、简答题

1. 请简述使用 WebSocket 协议建立连接并实现实时语音识别的全部流程。

2. 请简述什么是音频数据帧。

项目六　人工智能识别检测系统感情分析构建

通过学习自然语言处理 API 接口相关知识,读者可以认识到自然语言处理技术的作用,掌握使用自然语言处理 API 来实现各种具体功能的方法,具有使用自然语言处理 API 完成文字感情分析任务的能力,在任务实施过程中:

- 了解自然语言处理的基本概念;
- 熟悉自然语言处理 API 应用场景;
- 掌握京东云自然语言处理 API 调用方法;
- 具有使用 API 接口完成业务功能的能力。

【情景导入】

人类通过语言来交流,而机器也有自己的交流方式,也就是通过数字信息来交流。不同的语言之间需要翻译才能进行沟通,而想要让计算机理解人类的语言更加困难。随着自然语言处理技术的出现和发展,人类和计算机之间的沟通也随之不断完善,自然语言处理可以使计算机直接理解人类的语言,从而帮助使用者执行一些任务。感情分析则是自然语言处理技术的又一重大突破,由于人类在不同环境下不同语句的组合和上下文都会对其所说的话的含义造成影响,因此人工智能对于语句的分析判断也会十分复杂。本项目通过对人工智能识别检测系统的感情分析构建,使读者了解感情分析 API 的具体使用方法。

【功能描述】

- 构建人工智能识别检测系统感情分析显示页面;
- 构建京东云 API 签名算法及请求方法;
- 获取筛选京东云感情分析返回结果。

技能点 1　自然语言处理基本概念

自然语言处理是一种使计算机能够解读、处理和理解人类语言的技术,该技术通过机器学习来剖析文本的结构和含义,分析文本并提取关于人物、地点和事件的信息,以更好地理解社交媒体内容的情感和客户对话。自然语言处理可以分为核心任务和应用两部分,核心任务代表在自然语言各个应用方向上需要解决的共同问题,包括语言模型、语言形态学、语法分析、语义分析等,而应用部分则更关注自然语言处理中的具体任务,如机器翻译、信息检索、问答系统、对话系统等,如图 6-1 所示。

目前,主流的自然语言处理 API 可以根据用户提交的文本数据,来提供词法分析、情感分析、文本分类、文本相似度等与自然语言相关的功能,可用于智能问答、对话机器人、内容推荐、电商评价分析等场景。

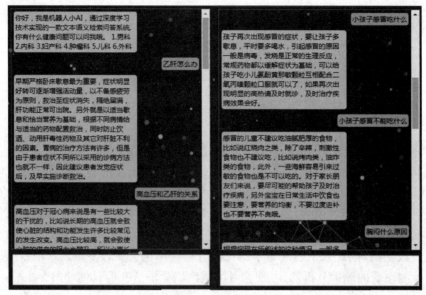

图 6-1　问答系统

技能点 2　自然语言处理 API 应用场景

自然语言处理可应用于机器翻译、舆情监测、自动摘要、观点提取、文本分类、问题回答、文本语义对比等场景,现如今许多公司已使用自然语言处理技术研发出各种应用。

1)聊天机器人

聊天机器人能够通过学习和理解人类的语言来进行对话,还能根据聊天的上下文进行互动。任务型对话系统需要根据用户的需求完成相应的任务,如发邮件、打电话、预约行程等;非任务型对话系统大多是根据人类的日常聊天行为设计的,对话没有明确的任务目标,只是为了与用户更好地进行沟通。聊天机器人示例如图 6-2 所示。

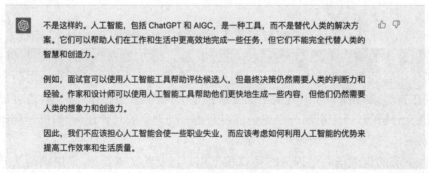

图 6-2　ChatGPT 回答问题

2）机器翻译

随着自然语言处理技术的深度发展，机器翻译等语言技术逐渐成为翻译行业的重要力量。谷歌、网易等公司使用自研的神经网络翻译系统，根据用户查询的内容，选择最优的算法给出高准确率的自动翻译结果。翻译不仅精准，而且高效，极大地满足了人们对于外语翻译的需求，如图 6-3 所示。

图 6-3　翻译软件

3）语音识别

自然语言处理技术可高效处理语音数据，进行精准识别，它可以处理语音数据中的方言、俚语和典型语法异常方面的差异，并去除识别后语音数据中的噪声部分，使识别文本变得更加规范化，防止出现乱码和异常符号。例如智能手机中的语音识别功能如图 6-4 所示。

图 6-4　手机识别语音命令

4）广告投放

自然语言处理可以通过分析搜索关键字、浏览行为、电子邮件和社交媒体平台来在线寻找潜在客户,依靠文本分析和文本挖掘工具,根据关键词匹配来有针对性地进行广告投放,从而极大地提升企业的广告投放效率。搜索广告应用自然语言处理技术的任务如图 6-5 所示。

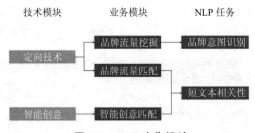

图 6-5　NLP 广告投放

课程思政:新赛道———数字经济

近年来,互联网、大数据、云计算、人工智能、区块链等技术加速创新,日益融入经济社会发展各领域全过程,各国竞相制定数字经济发展战略、出台鼓励政策,数字经济正在成为重组全球要素资源、重塑全球经济结构、改变全球竞争格局的关键力量。党的二十大报告中也提出,"加快发展数字经济,促进数字经济和实体经济深度融合,打造具有国际竞争力的数字产业集群"。我们在学习的过程中,要加强理论知识学习,丰富知识储备,培养创新意识,为建设数字经济添砖加瓦。

技能点 3　京东云自然语言处理 API 调用

京东云提供了多种基于自然语言处理的应用,包含词法分析、句法分析、文本分类、智能写作等,如图 6-6 所示。

图 6-6　京东云自然语言处理应用

京东云 API 在使用前需注册京东账户，并登录京东云控制台（https://login.jdcloud.com/）。登录完成后进入京东云控制台的账号管理页面（https://uc.jdcloud.com/account/basic-info），在页面中选择"AccessKey 管理"选项卡，并创建 Access Key，如图 6-7 所示。

图 6-7　创建 Access Key

创建完成后，页面中新增了开发者的 Access Key ID 和对应的 Access Key Secret，这两项是开发者访问京东云 API 必需的密钥，点击查看按钮即可看到 Access Key Secret，如图 6-8 所示。

图 6-8　查看 Access Key ID 和 Access Key Secret

京东云 API 使用 Restful 接口风格，要进行 API 调用需要包含如下信息：请求协议、请求方式、请求地址、请求路径、请求头、请求参数、请求体。HTTP 请求头中需要包含公共请求头，见表 6-1。

表 6-1　京东云公共请求头

名称	类型	必填	描述
x-jdcloud-algorithm	string	是	用于创建请求签名的哈希算法，目前只支持 JDCLOUD2-HMAC-SHA256

名称	类型	必填	描述
x-jdcloud-date	string	是	签名请求的日期和时间,遵循 ISO 8601 标准,使用 UTC 时间,格式为 YYYYMMDDTHHmmssZ。日期必须与 authorization 请求头中使用的日期相匹配。例如:20180707T150456Z
x-jdcloud-nonce	string	是	随机生成的字符串,需要保证一段时间内的唯一性
x-jdcloud-security-token	string	否	如果用户开启了 mfa 操作保护,该 API 接口又是需要保护的接口,调用时需要传此参数
authorization	string	是	鉴权信息,由签名算法生成,生成的数据格式例如:JDCLOUD2-HMAC-SHA256Credential=accessKey/20180226/cn-north-1/nc/jdcloud2_request,SignedHeaders=content-type;host;x-jdcloud-date;x-jdcloud-nonce, Signature=4432ad80f84a41d56f3d41b59918a0844b468d8c131fa7d7c993693f62cf43ef
Content-Type	string	是	表示请求文本信息的格式,例如 application/json

在调用 API 接口之后会返回响应信息,京东云 API 中存在公共响应信息,所有 API 都会返回公共响应信息中的内容,见表 6-2。

表 6-2　京东云公共响应信息

名称	类型	示例值	描述
code	string	1000	参见错误码中的系统级错误码
charge	boolean	false 或 true	false:不扣费；true:扣费
remain	long	1305	按天计算剩余调用次数
msg	string	查询成功	参见错误码中的系统级错误码
result	object	{...}	查询结果

京东云自然语言处理请求 URL 见表 6-3。调用每个接口时,只需按照要求对照表 6-3 中 URL 进行请求,获取返回参数。项目知识点内容只根据文档内容介绍 Java 语言请求方法。

表 6-3　京东云自然语言处理请求 URL

请求 URL 内容	说明
词法分析	https://aiapi.jdcloud.com/jdai/lexer
情感分析	https://aiapi.jdcloud.com/jdai/sentiment
文本分类	https://aiapi.jdcloud.com/jdai/textClassification
词义相似度	https://aiapi.jdcloud.com/jdai/similar
短文本相似度	https://aiapi.jdcloud.com/jdai/similarity

1. 京东云词法分析 API

京东云词法分析 API 主要用于将字符序列转换为单词序列,提供中文分词、词性标注、命名实体识别 3 个功能,解析自然语言中的基本语言元素并赋予词性,识别文本中的特定类型的事物名称或符号,支撑自然语言的准确理解。

（1）应用场景。

随着科技越来越发达,词法分析技术也有了很大的提升,在生活的各个方面都得到了应用,例如:文本搜索、指令解析等业务场景。

● 文本搜索

要想提升文本搜索准确性或审核质量,可以去掉搜索时键入的许多虚词等非关键词。如图 6-9 所示。

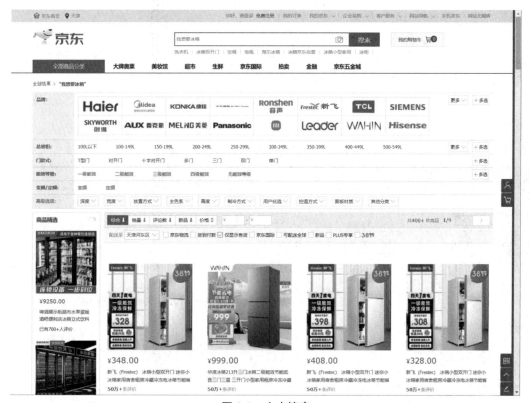

图 6-9　文本搜索

● 指令解析

以分词和词性标注为基础,分析命令中的关键名词、动词、数量、时间等,准确理解命令的含义,提高用户体验。部分词性标注与分词要求如图 6-10 所示。

（2）请求说明。

①请求 URL:https://aiapi.jdcloud.com/jdai/lexer。

②接口请求方式:POST。

③请求参数:词法分析请求体业务请求参数见表 6-4。

代码	名称	举例
a	形容词	最/d 大/a 的/u
ad	副形词	一定/d 能够/v 顺利/ad 实现/v 。/w
ag	形语素	喜/v 煞/ag 人/n
an	名形词	人民/n 的/u 根本/a 利益/n 和/c 国家/n 的/u 安稳/an 。/w
B	区别词	副/b 书记/n 王/nr 思齐/nr
c	连词	全军/n 和/c 武警/n 先进/a 典型/n 代表/n
d	副词	两侧/f 台柱/n 上/f 分别/d 雄踞/v 着/u
dg	副语素	用/v 不/d 甚/dg 流利/a 的/u 中文/nz 主持/v 节目/n 。/w
e	叹词	嗬/e ！/w
f	方位词	从/p 一/m 大/a 堆/q 档案/n 中/f 发现/v 了/u
g	语素	例如dg或ag

图 6-10　词性标注与分词

表 6-4　词法分析请求体业务请求参数

名称	类型	必填	示例值	描述
appId	string	否	0	应用 id,同一调用方可以创建多个应用。appId 不填或者为 0 时表示使用通用的分词模型
text	string	是	我想要买冰箱	输入文本
type	int	是	0	选择所需的词法分析的结果,包括"分词""词性标注"和"命名实体识别"一个或多个的组合。 0: 提供分词、词性标注以及命名实体识别的结果 1: 提供分词的结果 2: 提供分词和词性标注的结果 3: 提供分词和命名实体识别的结果 如输入其他数值,默认按 0 情况处理

（3）应用实例。

了解了请求 URL、接口的请求方式、请求参数之后,学习如何使用该接口完成实际的需求。应用京东云 SDK 应用 API,需要参数 accessKey、secretKey,endPoint 等,应用京东云词法分析 API 的具体实现步骤如下所示。

第一步:注册京东账户,并登录京东云控制台（https://login.jdcloud.com/）。登录完成后进入京东云控制台的账号管理页面（https://uc.jdcloud.com/account/basic-info）,在页面中选择 AccessKey 管理选项卡,并创建 Access Key。

第二步:创建 Java 项目,引入京东云 SDK,可使用两种方式:Maven 管理和下载源代码。

①使用 Maven 来管理 Java 项目。需要在项目的 pom.xml 文件中加入相应的依赖项,

如以下代码所示。

```
<dependency>
    <groupId>com.jdcloud.apigateway</groupId>
        <artifactId>sdk</artifactId>
    <version>0.4.0-SNAPSHOT</version>
</dependency>
```

②下载 SDK 源代码自行使用。进入京东云"词法分析"控制台页面，点击下载 SDK，导入项目中。京东云下载 SDK 方法如图 6-11 所示。

图 6-11 下载 SDK

第三步：使用 Java 语言发送词法分析 API 的请求，编写 accessKey 、secretKey 等参数，将词法分析的主要内容放置到 String method 参数中，如代码 6-1 所示，识别文字"我要买冰箱"。

```
代码 6-1：Java 请求

public class Demo1 {
    public static void main(String[] args) {
        String accessKey = "JDC_892F592EBF0B656...";
        String secretKey = "50DD3FE763297E5619279...";
        String endPoint = "aiapi.jdcloud.com";
        String path = "/jdai/lexer";
        String method = "POST";
        Map<String, String> headers = new HashMap<>();
        Map<String, Object> queryMap = new HashMap<>();
```

```
        // 编写检测主体
        String body = "{\"appId\": \"0\",\"type\": 0,\"text\": \" 我要买冰箱 \" }";
        try {
                HttpResponse response = JdcloudSDKClient.execute(accessKey, secretKey,
Protocol.HTTPS, endPoint,
                                path, method, headers, queryMap, body);
                System.out.println(new        String(BinaryUtils.toByteArray(response.
getContent())));
        } catch (IOException e) {
                System.out.println(e.getMessage());
        }
    }
}
```

第四步：执行完代码 6-1 后，响应结果如下所示。

```
{
    "code": "10000",
    "charge": true,
    "msg": " 查询成功，扣费 ",
    "result": {
      "status": 0,
      "request_id": "ef12b649-c1fa-4e43-954e-fc5e204e302d",
      "message": "ok",
      "text": " 我要买冰箱 ",
      "tokenizedText": [
         {
            "offset": 0,
            "pos": "PN",
            "length": 1,
            "ner": "O",
            "word": " 我 "
         },
         ......
         {
            "offset": 3,
            "pos": "NN",
            "length": 2,
            "ner": "PRODUCT",
```

```
        "word": " 冰箱 "
      }
    ]
  }
}
```

API 接口的响应中除了公共响应参数外,还包含业务响应参数,见表 6-5。

表 6-5　词法分析业务响应参数

名称	类型	示例值	描述
status	int	0	参见错误码 - 业务级错误码
message	string	ok	参见错误码 - 业务级错误码
request_id	string	5893465d31284468a8014de6ee430f8e	便于双方定位问题
text	string	我要买冰箱	输入文本
tokenizedText	list	[{"offset": 0,"pos": "PN","length": 1,"ner": "O","word": " 我 "},...]	词法分析结果,含有的字段见表 6-6

表 6-6　tokenizedText 字段说明

名称	类型	示例值	描述
word	string	冰箱	分词
pos	string	NR	词性
ner	string	PERSON	命名实体识别
offset	int	0	距离起始位置偏移
length	int	3	分词长度

2. 京东云情感分析 API

情感分析 API 可以对带有情感色彩的主观性文本进行分析、处理、归纳和推理。可以针对带有主观描述的自然语言文本,自动判断该文本的情感正负倾向并给出相应的结果。

（1）应用场景。

移动互联网的发展和普及已达到空前规模,亿万用户在互联网上可以获得信息、交流信息,发表自己的观点和分享自己的体验。京东云情感分析 API 可以应用于舆论分析、口碑追踪等场景。

● 舆论分析

通过舆论分析可以了解大众对热门事件的情感倾向,掌握舆论导向,从而更及时有效地进行舆情监控。如图 6-12 所示。

● 口碑追踪

口碑追踪是指通过大众对商品或消费场所的评论来进行情感分析,了解大众对商品或场所的喜好程度,来辅助进行商业决策,如图 6-13 所示。

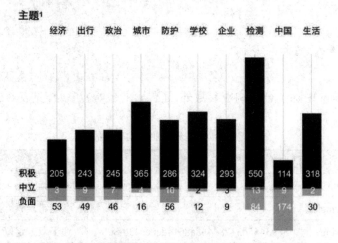

图 6-12　舆情情感分析

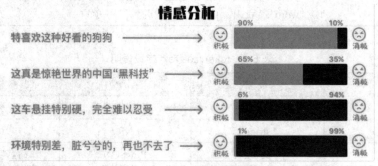

图 6-13　口碑追踪

(2)请求说明。

①请求 URL:https://aiapi.jdcloud.com/jdai/sentiment。

②接口请求方式:POST。

③请求参数:情感分析请求体业务请求参数见表 6-7。

表 6-7　情感分析请求体业务请求参数

名称	类型	必填	示例值	描述
type	int	是	1	情感模型的类型: 1:针对通用场景的评论短语文本,情感极性类别为正负中三维:positive, negative, other 3:针对客服对话场景的短语文本,情感极性类别为七维:other, anxiety, anger, happy, lost, sad, fear 5:针对客服对话场景的短语文本,情感极性类别为八维:other, anxiety, anger, happy, lost, sad, fear, satiric
text	string	是	这样做没错吧?	输入文本

使用 Java 语言发送词法分析 API 的请求，将代码 6-1 中的 path 变量和 body 变量修改为代码 6-2 中的内容，即可完成请求编写。

代码 6-2：Java 请求

```
String path = "/jdai/sentiment";
String body = "{\"type\": 1,\"text\": \" 这个真的太难用了，差评 \"}";
```

执行完代码 6-2 后，响应结果如下所示。

```
{
    "code": "10000",
    "charge": true,
    "msg": " 查询成功 , 扣费 ",
    "result": {
        "status": 0,
        "request_id": "cd19b8227fef419c9b0ecb237f005f4e",
        "message": "ok",
        "sentiment": [
            {
                "sentiment": "negative",
                "probability": 0.9998038411140442
            },
            {
                "sentiment": "other",
                "probability": 0.00013649597531184554
            },
            {
                "sentiment": "positive",
                "probability": 0.000059669815527740866
            }
        ]
    }
}
```

API 接口的响应中除了公共响应参数外，还包含业务响应参数，见表 6-8。

表 6-8 情感分析业务响应参数

名称	类型	示例值	描述
status	int	0	参见错误码 - 业务级错误码
message	string	ok	参见错误码 - 业务级错误码
request_id	string	5893465d31284468a8014de6ee430f8e	便于双方定位问题

名称	类型	示例值	描述
sentiment	list	[{"sentiment": "other","probability": 0.5814915299415588},...]	情感分析结果,包括情感名称和概率,按照概率从大到小排列,含有的字段见表 6-9

表 6-9　sentiment 字段说明

名称	类型	示例值	描述
sentiment	string	positive	情感名称
probability	double	0.05233341082930565	情感概率

3. 京东云文本分类 API

文本分类 API 主要用于对文本集(或其他实体或物件)按照一定的分类体系或标准进行自动分类标记。识别用户话语的领域信息,提供 17 个领域的分类:歌曲、广播、故事、百科、天气、时间、新闻、生活查询、出行、股票、购物、音箱指令、家居指令、闲聊、翻译、计算机、闹钟。

(1)应用场景。

对于新闻网站、博客等,文本分类算法可以将新闻分类到不同的类别(如体育、娱乐、财经、科技等),方便用户快速浏览、检索所感兴趣的新闻,如图 6-14 所示。

图 6-14　新闻分类

（2）请求说明。

①请求 URL：https://aiapi.jdcloud.com/jdai/textClassification。

②接口请求方式：POST。

③请求参数：文本分类请求参数见表 6-10。

表 6-10　文本分类请求参数

名称	类型	必填	示例值	描述
text	string	是	明日北京有大雨	输入文本

使用 Java 语言发送词法分析 API 的请求，将代码 6-1 中的 path 变量和 body 变量修改为代码 6-3 中的内容，即可完成请求编写。

代码 6-3：Java 请求

```
String path = "/jdai/sentiment";
String body = "{\"type\": 1,\"text\": \" 这个真的太难用了,差评 \"}";
```

（3）执行完代码 6-3 后，响应结果如下所示。

```
{
    "code": "10000",
    "charge": true,
    "msg": " 查询成功 , 扣费 ",
    "result": {
        "status": 0,
        "request_id": "ca4d7787-2da0-4086-a9a7-b20adf5b14c9",
        "message": "ok",
        "types": [
            {
                "probability": 0.99982613332511902,
                "domainName": "weather",
                "type": 11
            },
            {
                "probability": 0.000090652953076642,
                "domainName": "info",
                "type": 3
            },
            {
                "probability": 0.00006503330951090902,
                "domainName": "reject",
```

```
        "type": 8
      }
    ]
  }
}
```

API 接口的响应中除了公共响应参数外,还包含业务响应参数,如表 6-11 所示。

表 6-11　文本分类业务响应参数

名称	类型	示例值	描述
status	int	0	参见错误码 - 业务级错误码
message	string	ok	参见错误码 - 业务级错误码
request_id	string	5893465d31284468a8014de6ee430f8e	便于双方定位问题
types	list	[{"type": 3, "probability": 0.727774441242218, "domainName": "info"},,...]	文本分类结果,含有的字段见表 6-12

表 6-12　sentiment 字段说明

名称	类型	示例值	描述
type	int	3	分类序号,序号代表类别见表 6-13
probability	double	0.727774441242218	分类概率
domainName	string	info	分类名称

表 6-13　文本类别序号

序号	类型	序号	类型
0	Other	7	Radio
1	Calcu	8	Reject
2	Chat	9	Song
3	Info	10	Story
4	Instruct	11	Weather
5	Local	12	Shopping
6	News		

4. 京东云词义相似度 API

词义相似度 API 主要用于判断输入词语的相似度,相似度越大的两个词在词义上越相似。词义相似度是自然语言理解的基础,计算两个目标词语的词义相似程度,为复杂文本任务的精准处理提供了基础技术支撑。

（1）应用场景。

词义相似度是自然语言处理中的重要基础技术,现在词义相似度 API 已经广泛应用于搜索关键词改写、专名挖掘等场景。

● 搜索关键词改写

通过寻找搜索关键词中词语的相似词,进行合理的替换,从而达到改写搜索集合的目的,可以提高搜索结果的多样性,如图 6-15 所示。

● 专名挖掘

通过词语间词义相关性计算寻找人名、地名、机构名等词的相关词,扩大专有名词的词典,更好地辅助应用。

（2）请求说明。

①请求 URL:https://aiapi.jdcloud.com/jdai/similar。

②接口请求方式:POST。

③请求参数:词义相似度业务请求参数见表 6-14。

图 6-15　搜索关键词改写

表 6-14　词义相似度业务请求参数

名称	类型	必填	示例值	描述
word1	string	是	快递 1	词 1
word2	string	是	快递 2	词 2

使用 Java 语言发送词法分析 API 的请求，将代码 6-1 中的 path 变量和 body 变量修改为代码 6-4 中的内容，即可完成请求编写。

代码 6-4：Java 请求

```
String path = "/jdai/ similar";
String body = "{\"word1\": \" 度假 \",\"word2\": \" 渡假 \" }";
```

执行完代码 6-4 后，响应结果如下所示。

```
{
    "code": "10000",
    "charge": true,
    "msg": " 查询成功 , 扣费 ",
    "result": {
        "code": "1000",
        "msg": "Request OK!",
        "result": {
            "score": 0.6660156,
            "words": {
                "word1": " 度假 ",
                "word2": " 渡假 "
            }
        }
    }
}
```

API 接口的响应中除了公共响应参数外，还包含业务响应参数，见表 6-15。

表 6-15　词义相似度业务响应参数

名称	类型	示例值	描述
score	float	0.45666688	相似度数值
words	object	{"word1":" 电脑 ","word2":" 平板 "}	相似度词组

该 API 响应的 code 参数可返回特有的错误返回码，见表 6-16。

表 6-16　特有错误返回码

业务错误码	message	说明
1000	"Request OK"	查询成功
1001	"Request Coding Error"	输入参数编码错误
1002	"Request OverLength Error"	输入参数长度过长
1003	"Request Empty Error"	输入参数为空错误
20001	"Words Not Found Error"	查找不到词语
30001	"Unknown Error"	未知错误

5. 京东云短文本相似度 API

短文本相似度 API 主要用于不同短文本之间相似度的计算,输出的相似度是一个介于 0 到 1 之间的实数值,越大则相似度越高。这个相似度值可以直接用于结果排序,也可以作为一维基础特征作用于更复杂的系统。

（1）应用场景。

用户输入一个问题时,通过中文分词、短文本相似度等自然语言处理相关技术,计算两个问题对的相似度,来自动为用户寻找相似的问题和答案。相关示例如图 6-16 所示。

图 6-16　短文本相似度 API 应用示例——智能客服

（2）请求说明。

①请求 URL：https://aiapi.jdcloud.com/jdai/similarity。

②接口请求方式：POST。

③请求参数：短文本相似度业务请求参数见表 6-17。

表 6-17　短文本相似度业务请求参数

名称	类型	必填	示例值	描述
text1	string	是	怎么执行保价操作	短文本 1
text2	string	是	如何操作保价功能	短文本 2

使用 Java 语言发送词法分析 API 的请求,将代码 6-1 中的 path 变量和 body 变量修改为代码 6-5 中的内容,即可完成请求编写。

代码 6-5：Java 请求

```
String path = "/jdai/ similarity";
String body = "{ \"text1\":\" 怎么执行保价操作 \", \"text2\":\" 如何操作保价功能 \" }";
```

执行完代码 6-5 后,响应结果如下所示。

```
{
    "code": "10000",
    "charge": true,
    "msg": " 查询成功 , 扣费 ",
    "result": {
        "status": 0,
        "request_id": "de7eec40-5827-4092-9add-86aa99169ae8",
        "message": "ok",
        "similarity": {
            "score": 0.5661332993156476,
            "text1": " 怎么执行保价操作 ",
            "text2": " 如何操作保价功能 "
        }
    }
}
```

API 接口的响应中除了公共响应参数外,还包含业务响应参数,见表 6-18。

表 6-18　短文本相似度业务响应参数

名称	类型	示例值	描述
status	int	0	参见错误码 - 业务级错误码
message	string	OK	参见错误码 - 业务级错误码
request_id	string	5893465d31284468a8014de6ee430f8e	便于双方定位问题
similarity	object	{"score":0.19182715292135427,"text1":" 怎么执行保价操作 ","text2":" 如何操作保价功能 "}	相似度结果,含有的字段见表 6-19

表 6-19　similarity 字段说明

名称	类型	示例值	描述
text1	string	怎么执行保价操作	输入文本 1
text2	int	如何操作保价功能	输入文本 2
score	double	0.19182715292135427	相似度 0~1，分数越高表示两个文本越相似

人工智能识别检测系统应用京东云实现自然语言处理感情分析功能，用户可输入一段文字对该段文字进行感情分析，并返回感情是积极乐观的、消极的还是中立的，页面效果如图 6-17 所示。

图 6-17　感情分析页面

第一步：打开编程软件（PyCharm），构建的项目结构如图 6-18 所示，languageProcessing. html 为展示页面、用于上传识别信息以及展示感情分析的页面，index.py 文件用于后台请求 API 获取信息。

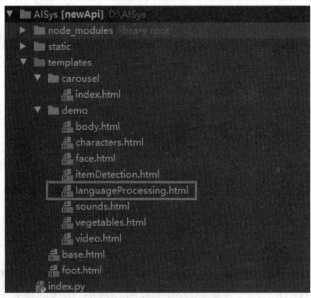

图 6-18　创建对应的类

第二步：编写 languageProcessing.html，如代码 6-6 所示。

```
代码 6-6: languageProcessing.html

{% include 'base.html' %}
<!----------------------------------- 主体 ----------------------------------->
<div class="container">
    <h5 class="font-weight-bold spanborder"><span> 感情分析 </span></h5>
    ...
    <h1 class="secondfont mb-3 font-weight-bold"> 感情分析模块 </h1>
                <p class="mb-5">
                        判断输入的文本感情，分为积极乐观、消极和中立
                </p>
                <div class="bs-example" style="width: 100%;">
                        <form         action="http://localhost:5000/api/
languageProcessing" method="POST"

                                enctype="multipart/form-data">
                        <div class="form-group">
                                <textarea    class="form-control"     rows="5"
name="emotext" id="emotext"></textarea>
                        </div>
                        <div class="form-group" style="text-align: right">
                                <input    class="btn   btn-default   text-right"
type="submit" value="感情分析" id="uploadBtn"/>
```

```
                          </div>
                        </form>
                      </div>
                      <div class="container">
                        <div class="row">
                          <div class="col-md-2 text-right">
                            <img src="../../static/images/kulian.jpg" alt="..."
class="md-1 img-circle"
                                style="width: 45px">
                          </div>
                          <div class="col-md-8">
                            <div class="text-center">情感偏向 {{ emotion
}}</div>
                            <div>
                              <div class="progress text-center">
                                <div id="progressbar" class="progress-
bar" role="progressbar" aria-valuenow="60"
                                    aria-valuemin="0"
                                    aria-valuemax="100">
                                </div>
                              </div>
                            </div>
                          </div>
                          <div class="col-md-2 text-left">
                            <img id="imges" src="../../static/images/xiaolian.
jpg" class="md-1 img-circle" style="width: 45px">
    ...
    <!----------------------------------- 更多 ------------------------------------->
    {% include 'foot.html' %}
    </body>
    </html>
```

第三步：编写 index.py，jdcloud() 用于获取京东云签名的算法，由于请求头的内容较为复杂，可直接使用代码完成请求头的构建，languageProcessing_template() 用于路由页面跳转，get_languageProcessing() 为请求主体，具体如代码 6-7 所示。

代码 6-7：index.py

```python
# 京东云签名算法
# 京东密钥获取，具体方式请参照官方文档或配套资源
def jdcloud():
    headers = {}
    # 请求方式
    method = 'POST'
    # 地域
    region = 'cn-north-1'
    ...
    headers['authorization'] = authorization_header
    # 最终 headers
    print(headers)
    return headers


# 自然语言处理 API
@app.route('/demo/languageProcessing')
def languageProcessing_template():
    probability = 50
    return render_template("demo/languageProcessing.html", probability=probability)


# 自然语言处理 API
@app.route('/api/languageProcessing', methods=['GET', 'POST'])
# 自然语言处理主体
def get_languageProcessing():
    global probability
    if request.form['emotext'] is None:
        return render_template("demo/languageProcessing.html", emotion="未上传任
何文本内容")
    text = request.form['emotext']
url = 'https://aiapi.jdcloud.com/jdai/sentiment'
# 获取请求头
    headers = jdcloud()
    # 请求本体 body 字符串形式
    text = str(text)
    body = " {\"type\":1,\"text\": \"".encode() + text.encode() + "\"}".encode()
```

```
# 发送请求
response = requests.post(url, data=body, headers=headers)
if response:
    print(response.json())
result_list = {}
sentiment = response.json().get('result').get('sentiment')[0].get('sentiment')
probability = response.json().get('result').get('sentiment')[0].get('probability')
probability = round(probability * 100)
result = str(sentiment)
if result == 'positive':
    emotion = "：积极乐观的"
elif result == 'negative':
    emotion = "：消极的"
    probability = 1 - probability
else:
    emotion = "：中立的"
return     render_template("demo/languageProcessing.html",     emotion=emotion,
probability=probability)
```

第四步：运行系统，通过首页菜单栏点击访问感情分析模块，输入文字，效果如图 6-19 所示。

图 6-19　人工智能识别检测——感情分析模块

第五步：经感情分析之后，效果如图 6-20 所示，感情倾向用于判断所输入语句的感情，下方进度条表示概率，偏向笑脸方向则表示积极，靠近哭脸方向则表示消极。

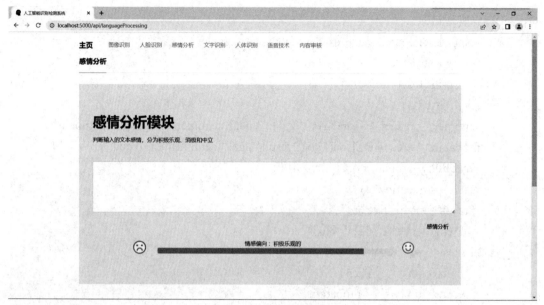

图 6-20　感情分析效果

在本次任务中,读者完成了人工智能识别检测系统感情分析的构建,为下一阶段的学习打下了坚实的基础,了解了如何调用京东云自然语言处理感情分析 API 接口完成需求功能,加深了对 API 相关概念的了解,掌握了基本的 API 技术。

basic	基本的
nonce	临时造的
charge	收费
status	状态
similar	相似的
account	账户
security	安全
offset	抵消

score	分数
remain	留下

一、选择题

1. 以下关于自然语言处理的说法正确的是( )。

A. 使计算机能够解读、处理和理解人类语言的技术

B. 基于机器学习的识别并分析人体的技术

C. 各类图像描述

D. 媒体资源图像

2. 以下说法中不正确的是( )。

A. 自然语言处理技术在电子商务行业中主要应用于自动处理、分类和标记产品的图像,从而实现更为广泛的图像搜索

B. 自然语言处理将数字层置于真实世界的图像之上,而增强现实为现有环境添加了细节

C. 自然语言处理在医学领域的主要应用不在于检测组织中的异常情况

D. 自然语言处理技术使用机器学习来剖析文本的结构和含义,分析文本并提取关于人物、地点和事件的信息

3. 京东云词法分析 API 业务请求参数中不包括哪个( )。

A. appId   B. text   C. name   D. type

4. 京东云文本分类 API 的业务响应参数中不包括哪个( )。

A. status   B. api_secret   C. message   D. types

5. 京东云词义相似度 API 中名称为 score 的返回参数的含义是( )。

A. 相似度数值   B. 相似度返回时间

C. 相似度词组   D. 相似度近义词替换

二、填空题

1. 自然语言处理可以分为核心任务和 _____ 两部分。

2. 聊天机器人能够通过学习和 _____ 人类的语言来进行对话,还能根据聊天的上下文进行互动。

3. 任务型对话系统需要根据用户的 _____ 完成相应的任务。

4. 随着自然语言处理技术的深度发展, _____ 等语言技术逐渐成为翻译行业的重要力量。

5. 自然语言处理可以通过 _____ 、浏览行为、电子邮件和社交媒体平台来在线寻找潜在客户。

三、简答题

1. 词法分析的基本概念是什么?

2. 自然语言处理的 API 应用场景有哪些?

项目七　人工智能识别检测系统人像分割构建

通过学习人体分析 API 接口相关知识，读者可以认识到人体分析技术的作用，掌握使用人体分析 API 实现各种具体功能的方法，具有使用人体分析 API 实现人像分割任务的能力，在任务实施过程中：

● 了解人体分析的基本概念；
● 熟悉人体分析 API 应用场景；
● 掌握腾讯云人体分析 API 调用方法；
● 具有使用 API 接口完成业务功能的能力。

【情景导入】

在某些场景下,需要对图像中的某些内容进行分割截取,用于图像合成。如果使用人工抠图,不仅所需的时间多,由于不同人员的技术不同,抠图的效果也不尽相同。人工智能通过不断学习切割方法,可进行一些简单的抠图和分割任务,用时更快,效果更好。随着技术的不断发展,人工智能背景下的人像分割技术也在不断进步。本项目通过对人工智能识别检测系统的人像分割进行构建,使读者了解人像分割 API 的具体使用方法。

【功能描述】

- 构建人工智能识别检测系统人像分割显示页面;
- 构建腾讯云 API 签名算法及请求方法;
- 获取筛选腾讯云人像分割结果图。

技能点 1　人体分析基本概念

人体分析是一种基于机器学习的识别并分析人体的技术,该技术使用机器学习算法来识别并分离出图片或视频中的人体,还可以对识别出的人体外貌、穿着、体态或动作进行分析。人体分析是智能视频分析与理解、视频监控、人机交互等诸多领域的理论基础,近年来该技术被不断应用于安防监控、体育娱乐、智慧零售、驾驶监控等众多领域之中。如图 7-1 所示。

图 7-1　驾驶中的人体分析应用

课程思政：创新驱动，科技强国

通过驾驶过程中的人体分析可以识别驾驶员的动作和状态，如双手离开方向盘、接打电话、疲劳驾驶等危险行为，识别后可通过车载系统对驾驶员进行提醒，从而降低驾驶过程中的风险，保护驾驶员以及周围车辆、行人。从此例中可以看到技术创新对生活的影响，党的二十大报告中也指出，要"加快实施创新驱动发展战略……集聚力量进行原创性引领性科技攻关，坚决打赢关键核心技术攻坚战"。我们要坚持创新驱动发展战略，增强自主创新能力，为更美好的明天而奋斗。

目前，主流的人体分析 API 可以根据用户提交的图片或视频数据，实现人像分割、人体检测与分析、人体关键点检测、人体搜索、驾驶行为分析等。

技能点 2　人体分析 API 应用场景

人体分析可应用于行人检测、图像分离、运动分析、互动娱乐、视频美化等场景，现如今许多公司已使用机器学习技术开发出属于自己的人体分析应用。

1）行人检测

行人检测是利用人体识别与分析技术，判断图像或者视频序列中是否存在行人并给予精确定位。广泛应用于车辆辅助驾驶系统、智能视频监控、智能交通等领域。如图 7-2 所示。

2）运动分析

运动分析的作用，是对视频输入的人体运动进行处理，通过对人体运动的跟踪，来进行人体运动分割和运动参数的估计，最终得到视频中人的运动信息。如图 7-3 所示。

3）互动娱乐

在体感游戏中，用户不必像传统游戏一样，通过点击按键与游戏程序进行交互，而是可以通过肢体动作来进行游戏操作。游戏程序通过摄像头来捕捉玩家动作，并对玩家的影像进行识别分析，识别出玩家的指令，从而完成游戏交互，如图 7-4 所示。

图 7-2　行人检测

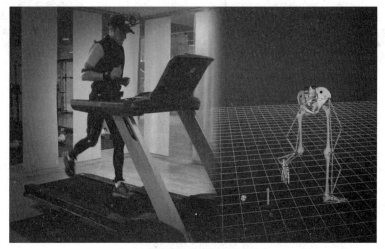

图 7-3　运动分析

图 7-4　体感游戏

技能点 3　腾讯云人体分析 API 调用

腾讯云提供了多种基于人体分析的应用，包含人像分割、人体检测、行人重识别等，如图 7-5 所示。支持识别图片或视频中的半身人体轮廓，并将其与背景进行分离，支持通过人体检测，识别行人的穿着、体态、发型等属性信息。可应用于人像抠图、背景特效、人群密度检测等场景。

图 7-5　腾讯云人体分析

腾讯云 API 在使用前需注册账户（https://cloud.tencent.com/register），注册完成后，登录进入腾讯云访问管理页面（https://console.cloud.tencent.com/cam），在页面中点击"访问密钥"选项卡下的"API 密钥管理"，进入该页面，点击页面中的"新建密钥"按钮来新建密钥，如图 7-6 所示。

创建完成后，页面中新增了开发者的 APPID 以及对应的 SecretId 和 SecretKey，这两项是开发者访问腾讯云 API 所必需的密钥，点击显示按钮即可查看，如图 7-7 所示。

1. 腾讯云人体分析 API

因为腾讯云在不同的地域部署服务器，所以在调用腾讯云人体分析 API 时，需传入服务域名来指定调用某个区域的服务器来执行 API，腾讯云支持的地域域名见表 7-1。

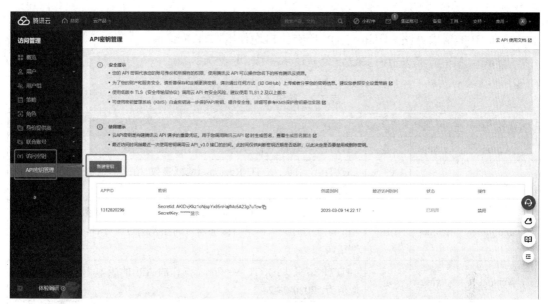

图 7-6 新建密钥

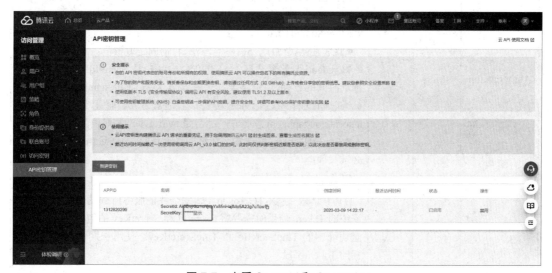

图 7-7 查看 SecretId 和 SecretKey

表 7-1 腾讯云人体分析 API 域名

接入地域	描述
就近地域接入	bda.tencentcloudapi.com
华南地区（广州）	bda.ap-guangzhou.tencentcloudapi.com
华东地区（上海）	bda.ap-shanghai.tencentcloudapi.com
华北地区（北京）	bda.ap-beijing.tencentcloudapi.com
华东地区（南京）	bda. ap-nanjing.tencentcloudapi.com
西南地区（成都）	bda.ap- chengdu.tencentcloudapi.com

腾讯云 API 的所有接口均通过 HTTPS 进行通信,提供高安全性的通信通道,支持 POST 和 GET 请求方法。腾讯云 API 所有接口均使用 UTF-8 编码。

腾讯云 API 请求头中需要包含公共请求字段,见表 7-2。

表 7-2　腾讯云公共请求头

名称	类型	必填	描述
Action	string	是	HTTP 请求头:X-TC-Action。操作的接口名称
Region	string	—	HTTP 请求头:X-TC-Region。地域参数,用来标识希望操作哪个地域的数据
Timestamp	integer	是	HTTP 请求头:X-TC-Timestamp。当前 UNIX 时间戳,可记录发起 API 请求的时间。如果与服务器时间相差超过 5 分钟,会引起签名过期错误
Version	string	是	HTTP 请求头:X-TC-Version。操作的 API 的版本。人体分析 API 取值为:2020-03-24
Authorization	string	是	HTTP 标准身份认证头部字段,例如:TC3-HMAC-SHA256 Credential =AKIDEXAMPLE/Date/service/tc3_request,SignedHeaders=content-type; host,Signature=fe5f80f77d5fa3beca038a248ff027d0445342fe2855ddc 963176630326f1024。其中: ●TC3-HMAC-SHA256:签名方法,目前固定取该值; ●Credential:签名凭证,AKIDEXAMPLE 是 SecretId;Date 是 UTC 标准时间的日期,取值需要和公共参数 X-TC-Timestamp 换算的 UTC 标准时间日期一致;service 为产品名,通常为域名前缀,例如域名 cvm. tencentcloudapi.com 意味着产品名是 cvm。本产品取值为 bda; ●SignedHeaders:参与签名计算的头部信息,content-type 和 host 为必选头部; ●Signature:签名摘要
Token	string	否	HTTP 请求头:X-TC-Token。即安全凭证服务所颁发的临时安全凭证中的 Token,使用时需要将 SecretId 和 SecretKey 的值替换为临时安全凭证中的 TmpSecretId 和 TmpSecretKey。使用长期密钥时不能设置此 Token 字段
Language	string	否	HTTP 请求头:X-TC-Language。指定接口返回的语言,仅部分接口支持此参数。取值:zh-CN,en-US。zh-CN 返回中文,en-US 返回英文

在调用 API 接口之后会返回响应信息,只要请求被服务端正常处理,响应的 HTTP 状态码均为 200。例如返回的消息体里的错误码是签名失败,但 HTTP 状态码是 200,而不是 401。

当响应正确返回结果时,响应示例如以下代码所示。

```
{
        "Response": {
            "TotalCount": 0,
            "InstanceStatusSet": [],
            "RequestId": "b5b41468-520d-4192-b42f-595cc34b6c1c"
        }
}
```

其中返回的 Response 和 RequestId 为公共返回参数,其余参数均为具体接口定义的字段,公共返回参数说明如下。

①Response。Response 及其内部的 RequestId 是固定的字段,无论请求成功与否,只要 API 处理了,则必定会返回。

②RequestId。用于一个 API 请求的唯一标识,如果 API 出现异常,可以联系工作人员,并提供该 ID 来解决问题。

当响应错误返回结果时,响应示例如以下代码所示。

```
{
        "Response": {
            "Error": {
                "Code": "AuthFailure.SignatureFailure",
                "Message": "The provided credentials could not be validated. Please check
your signature is correct."
            },
            "RequestId": "ed93f3cb-f35e-473f-b9f3-0d451b8b79c6"
        }
}
```

其中特有的返回参数如下。

①Error。代表该请求调用失败。Error 字段连同其内部的 Code 和 Message 字段在调用失败时是必定会返回的。

②Code。表示具体出错的错误码,当请求出错时可以先根据该错误码在公共错误码和当前接口对应的错误码列表里面查找对应原因和解决方案。

③Message。显示出了这个错误发生的具体原因,随着业务发展或体验优化,此文本可能会经常保持变更或更新,用户不应依赖这个返回值。

2. 腾讯云人像分割 API

人像分割 API 主要用于识别图片中人体的完整轮廓,并将人体与背景进行分离,实现像素级人像分割。

(1)应用场景。

将某照片中的人体与背景完整地分离,并将分离的人体与其他背景结合,创造出特殊的"照片",如图 7-8 所示。

图 7-8　照片合成

（2）请求说明。

①请求 URL：https:// bda.tencentcloudapi.com。

②接口请求方式：POST。

③请求参数。该 API 的业务请求参数见表 7-3。

表 7-3　人像分割业务请求参数

名称	必选	类型	描述
Action	是	string	公共参数，本接口取值：SegmentPortraitPic
Region	是	string	公共参数，本 API 支持：ap-beijing, ap-guangzhou, ap-shanghai
Image	否	string	图片 base64 数据，base64 编码后大小不可超过 5 MB。 图片分辨率须小于 2 000*2 000。 支持 png、jpg、jpeg、bmp，不支持 gif 图片。
Url	否	string	图片的 Url。 Url、Image 必须提供一个，如果都提供，只使用 Url。 图片分辨率须小于 2 000*2 000，图片 base64 编码后大小不可超过 5 MB。 支持 png、jpg、jpeg、bmp，不支持 gif 图片。
RspImgType	否	string	返回图像方式（base64 或 Url），二选一。Url 有效期为 30 分钟
Scene	否	string	适用场景类型。 取值：GEN/GS。GEN 为通用场景模式，GS 为绿幕场景模式，针对绿幕场景下的人像分割效果更好。两种模式选择一种传入，默认为 GEN

（3）应用实例。

使用 Java 语言应用腾讯云人体分割 API 的步骤如下所示。

第一步：创建 Java 项目，引入腾讯云 SDK，可使用两种方式——Maven 管理和下载源代码。

①在项目中使用 Maven 来管理 Java 项目，需要在项目的 pom.xml 文件加入相应的依赖项，如以下代码所示。

```
<dependency>
    <groupId>com.tencentcloudapi</groupId>
    <artifactId>tencentcloud-sdk-java</artifactId>
    <version>3.1.710</version>
</dependency>
```

②下载 SDK 源代码自行使用。登录 https://cloud.tencent.com/document/sdk/Java，在文档中选择方式二，通过源码包安装进行 SDK 的使用，将下载的源码包（https://github.com/tencentcloud/tencentcloud-sdk-java）中 vendor 目录下的 jar 包放置在项目可找到的路径中，通过"import"实现使用。如图 7-9 所示。

图 7-9　通过源码包安装

第二步：使用 Java 语言发送词法分析 API 的请求，来分割图 7-10 中的人像，代码如代码 7-1 所示。

图 7-10　待分割人像

代码 7-1：Java 请求

```java
public class Demo1 {
    public static void main(String [] args) {
        try{
            // 实例化一个认证对象,入参需要传入腾讯云账户 SecretId 和 SecretKey
            Credential cred = new Credential("AKIDvjK", "we9SZTAh5H");
            // 实例化一个 http 选项,可选的,没有特殊需求可以跳过
            HttpProfile httpProfile = new HttpProfile();
            httpProfile.setEndpoint("bda.tencentcloudapi.com");
            // 实例化一个 client 选项,可选的,没有特殊需求可以跳过
            ClientProfile clientProfile = new ClientProfile();
            clientProfile.setHttpProfile(httpProfile);
            // 实例化要请求产品的 client 对象 ,clientProfile 是可选的
            BdaClient client = new BdaClient(cred, "ap-beijing", clientProfile);
            // 实例化一个请求对象,每个接口都会对应一个 request 对象
            SegmentPortraitPicRequest req = new SegmentPortraitPicRequest();
            req.setUrl("https://cdn.pixabay.com/photo/2023/03/09/02/53/girl-7839121_960_720.jpg");
            req.setRspImgType("url");
            // 返回的 resp 是一个 SegmentPortraitPicResponse 的实例,与请求对象对应
            SegmentPortraitPicResponse resp = client.SegmentPortraitPic(req);
            // 输出 json 格式的字符串回包
            System.out.println(SegmentPortraitPicResponse.toJsonString(resp));
        } catch (TencentCloudSDKException e) {
            System.out.println(e.toString());
        }
    }
}
```

第三步：执行代码 7-1 后,响应结果如下所示。

```
{
    "Response": {
        "HasForeground": true,
        "RequestId": "a8e32365-eafc-487c-9690-efe0580a9477",
        "ResultImage": "",
```

        "ResultImageUrl":   "https://bda-segment-mini-1258344699.cos.ap-guangzhou.
myqcloud.com/Image/1312820299/a8e32365-eafc-487c-9690-efe0580a9477?q-sign-
algorithm=sha1&q-ak=AKIDEJJ3lFOnfIpAHAqIJ5d3YqthGfpj8eje&q-sign-
time=1680448120%3B1680449920&q-key-time=1680448120%3B1680449920&q-header-
list=host&q-url-param-list=&q-signature=860318fa95e8c800e49b0de5a4d43c0880cd57f7",
        "ResultMask": "",
        "ResultMaskUrl":   "https://bda-segment-mini-1258344699.cos.ap-guangzhou.
myqcloud.com/Mask/1312820299/a8e32365-eafc-487c-9690-efe0580a9477?q-sign-
algorithm=sha1&q-ak=AKIDEJJ3lFOnfIpAHAqIJ5d3YqthGfpj8eje&q-sign-
time=1680448120%3B1680449920&q-key-time=1680448120%3B1680449920&q-header-
list=host&q-url-param-list=&q-signature=d52353b94f9264e66ca6e1796dc27b555e3ead23"
    }
}

API 接口的响应中除了公共响应参数外,还包含业务响应参数,见表 7-4。

表 7-4　人像分割业务响应参数

名称	类型	描述
status	int	参见错误码 - 业务级错误码
ResultImage	string	处理后的图片 base64 数据,透明背景图。 此字段可能返回 null,表示取不到有效值
ResultMask	string	一个通过 base64 编码的文件,解码后文件由 Float 型浮点数组成。这些浮点数代表原图从左上角开始的每一行的每一个像素点,每一个浮点数的值是原图相应像素点位于人体轮廓内的置信度(0~1)转化的灰度值(0~255)。 此字段可能返回 null,表示取不到有效值
HasForeground	boolean	图片是否存在前景。 此字段可能返回 null,表示取不到有效值
ResultImageUrl	string	支持将处理过的图片 base64 数据,透明背景图以 Url 的形式返回值,Url 有效期为 30 分钟。 此字段可能返回 null,表示取不到有效值
ResultMaskUrl	string	一个通过 base64 编码的文件,解码后文件由 Float 型浮点数组成。支持以 Url 形式返回值;Url 有效期为 30 分钟。 此字段可能返回 null,表示取不到有效值

打开相应结果中 ResultImageUrl 参数中的网址,显示效果如图 7-11 所示,可以看到图 7-11 中人像被从背景中分割了出来。

图 7-11　分割后人像

（4）其他语言示例。

使用 Python 语言发送人像分割 API 的请求，需要使用命令安装腾讯云 SDK，如下所示。

```
# 安装腾讯云 SDK
pip3 install tencentcloud-sdk-python
```

使用腾讯云 API 分割图 7-10 中人像，代码如代码 7-2 所示，执行完成后，响应结果与 Java 示例响应一致。

代码 7-2：Python 请求

```
try:
    # 实例化一个认证对象，入参需要传入腾讯云账户 SecretId 和 SecretKey，此处还需注意密钥对的保密
    cred = credential.Credential("AKIDvjK ", " we9SZTAh5H ")
    # 实例化一个 http 选项，可选的，没有特殊需求可以跳过
    httpProfile = HttpProfile()
    httpProfile.endpoint = "bda.tencentcloudapi.com"
    # 实例化一个 client 选项，可选的，没有特殊需求可以跳过
    clientProfile = ClientProfile()
    clientProfile.httpProfile = httpProfile
    # 实例化要请求产品的 client 对象，clientProfile 是可选的
```

```
client = bda_client.BdaClient(cred, "ap-beijing", clientProfile)
# 实例化一个请求对象，每个接口都会对应一个 request 对象
req = models.SegmentPortraitPicRequest()
params = {
    "Url":"https://cdn.pixabay.com/photo/2023/03/09/02/53/girl-7839121.jpg",
    "RspImgType": "url"
}
req.from_json_string(json.dumps(params))

# 返回的 resp 是一个 SegmentPortraitPicResponse 的实例，与请求对象对应
resp = client.SegmentPortraitPic(req)
# 输出 json 格式的字符串回包
print(resp.to_json_string())

except TencentCloudSDKException as err:
    print(err)
```

3. 腾讯云视频人像分割 API

视频人像分割 API 可以识别视频作品中的人像区域，进行一键抠像、背景替换、人像虚化等后期处理。

（1）应用场景。

视频人像分割 API 使用场景广泛，除了可以进行单纯的图片处理，还可应用于相机、视频类应用，以及帮助影视剧进行后期抠像、换背景等特效处理。

● 影视后期

在影视剧制作过程中，传统的拍摄因为道具和场地的限制，使得许多特效需要耗费不少时间和精力进行绿幕拍摄和后期制作，导致拍摄成本高。使用视频人像分割技术，能够精准地识别视频中的人像区域，对其进行后期处理，从而极大地节省了时间和人工成本，如图 7-12 所示。

图 7-12　影视后期

● 视频美化

在直播、线上教学、视频会议过程中,通过视频人像分割技术可以对人物和背景实时、精准识别,实现更精细化的人物美颜、背景虚化或替换,进一步提升了相机、视频应用视觉体验,如图 7-13 所示。

图 7-13　会议虚拟背景

(2)请求说明。

①请求 URL:https:// bda.tencentcloudapi.com。

②接口请求方式:POST。

③请求参数:视频人像分割的业务请求参数见表 7-5。

表 7-5　视频人像分割业务请求参数

名称	必选	类型	描述
Action	是	string	公共参数,本接口取值:CreateSegmentationTask
Region	是	string	公共参数,本 API 支持:ap-guangzhou
VideoUrl	是	string	需要分割的视频 URL,可外网访问
BackgroundImageUrl	否	string	背景图片 URL。可以将视频背景替换为输入的图片。如果不输入背景图片,则输出人像区域 mask
Config	否	string	预留字段,后期用于展示更多识别信息

使用 Java 语言发送视频人像分割 API 的请求,如代码 7-3 所示。

代码 7-3:Java 请求

```java
public class Demo2 {
    public static void main(String [] args) {
```

```
try{
    Credential cred = new Credential("AKIDvjK", "we9SZTAh5H");
    BdaClient client = new BdaClient(cred, "ap-guangzhou");
    CreateSegmentationTaskRequest req = new CreateSegmentationTaskRequest();
    req.setVideoUrl("https://www.xtgj.net/video/41147t3/");
    // 返回的 resp 是一个 CreateSegmentationTaskResponse 的实例，与请求对象对应

    CreateSegmentationTaskResponse resp = client.CreateSegmentationTask(req);
    // 输出 json 格式的字符串回包
    System.out.println(CreateSegmentationTaskResponse.toJsonString(resp));
} catch (TencentCloudSDKException e) {
    System.out.println(e.toString());
}
    }
}
```

使用 Python 语言发送视频人像分割 API 的请求，如代码 7-4 所示。

代码 7-4：Python 请求

```python
import json
from tencentcloud.common import credential
from tencentcloud.common.exception.tencent_cloud_sdk_exception
import TencentCloudSDKException
from tencentcloud.bda.v20200324 import bda_client, models
try:
    cred = credential.Credential("AKIDvjK", "we9SZTAh5H")
    client = bda_client.BdaClient(cred, "ap-guangzhou")
    req = models.CreateSegmentationTaskRequest()
    params = {
        "VideoUrl": "https://www.xtgj.net/video/41147t3/"
    }
    req.from_json_string(json.dumps(params))
    # 返回的 resp 是一个 CreateSegmentationTaskResponse 的实例，与请求对象对应
    resp = client.CreateSegmentationTask(req)
    print(resp.to_json_string())

except TencentCloudSDKException as err:
    print(err)
```

（3）响应说明。

执行完代码 7-3 后，响应如下。

```
{
    "Response": {
        "EstimatedProcessingTime": 30,
        "RequestId": "d84a48b7-0123-4f18-932e-3feea9d28042",
        "TaskID": "Em1vZjdmp79MeRBR"
    }
}
```

API 接口的响应中除了公共响应参数外，还包含业务响应参数，见表 7-6。

表 7-6　视频人像分割业务响应参数

名称	类型	描述
TaskID	string	任务标识 ID，可以用于追溯任务状态，查看任务结果
EstimatedProcessingTime	float	预估处理时间，单位为秒

4. 获取视频人像分割任务结果 API

当发送视频人像分割 API 请求并获取响应后，可获得任务表示 ID（TaskID）字段，通过本 API 可以使用 TaskID 字段来查询视频人像分割任务处理结果。

（1）请求说明。

①请求 URL：bda.tencentcloudapi.com。

②接口请求方式：POST。

③请求参数：获取视频人像分割结果业务请求参数见表 7-7。

表 7-7　获取视频人像分割结果业务请求参数

名称	必选	类型	描述
Action	是	string	公共参数，本接口取值：DescribeSegmentationTask
Region	是	string	公共参数，本 API 支持：ap-guangzhou
TaskID	是	string	在提交分割任务成功时返回的任务标识 ID

使用 Java 语言发送获取人像分割任务结果 API 的请求，如代码 7-5 所示。

代码 7-5：Java 请求

```
public class Demo3 {
    public static void main(String [] args) {
        try{
```

```
        Credential cred = new Credential("AKIDvjK", "we9SZTAh5H");
        BdaClient client = new BdaClient(cred, "ap-guangzhou");
        DescribeSegmentationTaskRequest req = new DescribeSegmentationTaskRequest();
        req.setTaskID("Em1nZwdmp43MeRBR");
        // 返回的是一个 DescribeSegmentationTaskResponse 的实例，与请求对象对应
        DescribeSegmentationTaskResponse resp = client.DescribeSegmentationTask(req);
        System.out.println(DescribeSegmentationTaskResponse.toJsonString(resp));
    } catch (TencentCloudSDKException e) {
        System.out.println(e.toString());
    }
  }
}
```

使用 Python 语言发送获取人像分割任务结果 API 的请求，如代码 7-6 所示。

代码 7-6：Pyhton 请求

```
import json
from tencentcloud.common import credential
from tencentcloud.common.exception.tencent_cloud_sdk_exception
import TencentCloudSDKException
from tencentcloud.bda.v20200324 import bda_client, models
try:
    cred = credential.Credential("AKIDvjK", "we9SZTAh5H")
    client = bda_client.BdaClient(cred, "ap-guangzhou")
    req = models.DescribeSegmentationTaskRequest()
    params = {
        "TaskID": "Em1nZwdmp43MeRBR"
    }
    req.from_json_string(json.dumps(params))
    # 返回的 resp 是一个 DescribeSegmentationTaskResponse 的实例，与请求对象对应
    resp = client.DescribeSegmentationTask(req)
    print(resp.to_json_string())

except TencentCloudSDKException as err:
    print(err)
```

（2）响应说明。

执行完代码 7-5 后，响应如下。

```
{
    "Response": {
        "RequestId": "0352ed67-66b0-4515-a04f-ddc0ab129658",
        "TaskStatus": "FINISHED",
        "ErrorMsg": "",
        "ResultVideoUrl": "http://resulturl.com/a.mp4",
        "ResultVideoMD5": "somemd5",
        "VideoBasicInformation": {
            "FrameWidth": 1280,
            "FrameHeight": 590,
            "FramesPerSecond": 28,
            "Duration": 21,
            "TotalFrames": 630
        }
    }
}
```

API 接口的响应中除了公共响应参数外,还包含业务响应参数,见表 7-8。

表 7-8　获取人像分割任务结果业务响应参数

名称	类型	描述
TaskStatus	string	当前任务状态: ●QUEUING 排队中 ●PROCESSING 处理中 ●FINISHED 处理完成
ResultVideoUrl	string	分割后视频 URL, 存储于腾讯云 COS; 此字段可能返回 null,表示取不到有效值
ResultVideoMD5	string	分割后视频 MD5,用于校验; 此字段可能返回 null,表示取不到有效值
VideoBasicInformation	VideoBasicInformation	视频基本信息 此字段可能返回 null,表示取不到有效值
ErrorMsg	string	分割任务错误信息 此字段可能返回 null,表示取不到有效值
RequestId	string	唯一请求 ID

5. 腾讯云人体检测与属性分析 API

腾讯云人体检测与属性分析 API 可以识别图片中的人像区域,检测人像在图片中的位置信息及人像自身的属性信息。

（1）应用场景。

在智能安防系统中引入人体检测与属性分析功能,通过对出现在目标区域人体的年龄、性别、着装、携带物品、朝向等属性进行识别与分析,从而计算出被识别人体的危险性,如图7-14所示。

图 7-14　智能安防

（2）请求说明。

①请求 URL：https:// bda.tencentcloudapi.com。

②接口请求方式：POST。

③请求参数：人体检测与属性分析业务请求参数见表 7-9。

表 7-9　人体检测与属性分析业务请求参数

名称	必选	类型	描述
Action	是	string	公共参数,本接口取值：DetectBody
Region	是	string	公共参数,本 API 支持：ap-beijing, ap-guangzhou, ap-shanghai
Image	否	string	人体图片 base64 数据 图片 base64 编码后大小不可超过 5 MB 图片分辨率不得超过 1 920 * 1 080 支持 png、jpg、jpeg、bmp,不支持 gif 图片
MaxBodyNum	否	integer	最多检测的人体数目,默认值为 1（仅检测图片中面积最大的那个人体）；最大值 10,检测图片中面积最大的 10 个人体
Url	否	string	人体图片 Url Url、Image 必须提供一个,如果都提供,只使用 Url 图片 base64 编码后大小不可超过 5 MB 图片分辨率不得超过 1 920 * 1 080 支持 png、jpg、jpeg、bmp,不支持 gif 图片

名称	必选	类型	描述
AttributesOptions	否	AttributesOptions	是否返回年龄、性别、朝向等属性 可选项有 Age、Bag、Gender、UpperBodyCloth、LowerBodyCloth、Orientation 如果此参数为空则为不需要返回 需要将属性组成一个用逗号分隔的字符串,属性之间的顺序没有要求。最多返回面积最大的 5 个人体属性信息,超过 5 个人体(第 6 个及以后的人体)的 BodyAttributesInfo 不具备参考意义

使用 Java 语言发送人体检测与属性分析 API 的请求,如代码 7-7 所示。

代码 7-7:Java 请求

```java
public class Demo4 {
    public static void main(String [] args) {
        try{
            Credential cred = new Credential("AKIDvjK", "we9SZTAh5H");
            BdaClient client = new BdaClient(cred, "ap-beijing");
            DetectBodyRequest req = new DetectBodyRequest();
            req.setUrl("https://cdn.pixabay.com/photo/2023/03/09/02/53/girl-7839121.jpg");
            AttributesOptions attributesOptions1 = new AttributesOptions();
            attributesOptions1.setAge(true);
            attributesOptions1.setBag(true);
            attributesOptions1.setGender(true);
            attributesOptions1.setOrientation(true);
            attributesOptions1.setUpperBodyCloth(true);
            attributesOptions1.setLowerBodyCloth(true);
            req.setAttributesOptions(attributesOptions1);
            // 返回的 resp 是一个 DetectBodyResponse 的实例,与请求对象对应
            DetectBodyResponse resp = client.DetectBody(req);
            System.out.println(DetectBodyResponse.toJsonString(resp));
        } catch (TencentCloudSDKException e) {
            System.out.println(e.toString());
        }
    }
}
```

使用 Python 语言发送人体检测与属性分析 API 的请求,如代码 7-8 所示。

代码 7-8：Python 请求

```
try:
    cred = credential.Credential("AKIDvjK", "we9SZTAh5H")
    client = bda_client.BdaClient(cred, "ap-guangzhou")
    req = models.DetectBodyRequest()
    params = {
        "Url": "https://cdn.pixabay.com/photo/2023/03/09/02/53/girl-7839121.jpg\"",
        "AttributesOptions": {
            "Age": True,
            "Bag": True,
            "Gender": True,
            "Orientation": True,
            "UpperBodyCloth": True,
            "LowerBodyCloth": True
        }
    }
    req.from_json_string(json.dumps(params))
    # 返回的 resp 是一个 DetectBodyResponse 的实例，与请求对象对应
    resp = client.DetectBody(req)
    print(resp.to_json_string())

except TencentCloudSDKException as err:
    print(err)
```

执行完代码 7-7 后，响应如下。

```
{
    "Response": {
        "BodyDetectResults": [
            {
                "BodyAttributeInfo": {
                    "Age": {
                        "Probability": 0.8345708847045898,
                        "Type": " 青年 "
                    },
                    "Bag": {
                        "Probability": 0.8805071115493774,
                        "Type": " 无包 "
```

```json
            },
              ......
            "Texture": {
                "Probability": 0.8090866804122925,
                "Type": " 纯色 "
            }
          }
        },
        "BodyRect": {
          "Height": 597,
          "Width": 589,
          "X": 135,
          "Y": 43
        },
        "Confidence": 0.48416927456855774
      }
    ],
    "BodyModelVersion": "1.0",
    "RequestId": "ce2e1d2d-e55d-4268-b8ac-b402ade2597b"
  }
}
```

API 接口的响应中除了公共响应参数外,还包含业务响应参数,见表 7-10。

表 7-10　人体检测与属性分析业务响应参数

名称	类型	描述
BodyDetectResults	Array of BodyDetectResults	图中检测出来的人体框,含有的字段见表 7-11
BodyModelVersion	string	人体识别所用的算法模型版本

表 7-11　BodyDetectResults 字段参数

名称	类型	描述
Confidence	float	检测出的人体置信度。 误识率 10% 对应的阈值是 0.14;误识率 5% 对应的阈值是 0.32;误识率 2% 对应的阈值是 0.62;误识率 1% 对应的阈值是 0.81
BodyRect	BodyRect	图中检测出来的人体框,含有的字段见表 7-12
BodyAttributeInfo	BodyAttributeInfo	图中检测出的人体属性信息,含有的字段见表 7-13

表 7-12　BodyRect 字段参数

名称	类型	描述
X	integer	人体框左上角横坐标
Y	integer	人体框左上角纵坐标
Width	integer	人体宽度
Height	integer	人体高度

表 7-13　BodyAttributeInfo 字段参数

名称	类型	描述
Age	Age	人体年龄信息。 AttributesType 不含 Age 或检测超过 5 个人体时,此参数仍返回,但不具备参考意义
Bag	Bag	人体是否拎包。 AttributesType 不含 Bag 或检测超过 5 个人体时,此参数仍返回,但不具备参考意义
Gender	Gender	人体性别信息。 AttributesType 不含 Gender 或检测超过 5 个人体时,此参数仍返回,但不具备参考意义
Orientation	Orientation	人体朝向信息。 AttributesType 不含 Orientation 或检测超过 5 个人体时,此参数仍返回,但不具备参考意义
UpperBodyCloth	UpperBodyCloth	人体上衣属性信息,含有的字段见表 7-14 AttributesType 不含 UpperBodyCloth 或检测超过 5 个人体时,此参数仍返回,但不具备参考意义。
LowerBodyCloth	LowerBodyCloth	人体下衣属性信息,含有的字段见表 7-15 AttributesType 不含 LowerBodyCloth 或检测超过 5 个人体时,此参数仍返回,但不具备参考意义

表 7-14　UpperBodyCloth 字段参数表

名称	类型	描述
Texture	UpperBodyClothTexture	上衣纹理信息
Color	UpperBodyClothColor	上衣颜色信息
Sleeve	UpperBodyClothSleeve	上衣衣袖信息

表 7-15　LowerBodyCloth 字段参数表

名称	类型	描述
Color	LowerBodyClothColor	下衣颜色信息
Length	LowerBodyClothLength	下衣长度信息
Type	LowerBodyClothType	下衣类型信息

表 7-13、表 7-14 和表 7-15 中的 Age、Bag、Gender、Orientation、Color、Length、Type、Texture、Sleeve 等字段都包含表 7-16 中的参数。

表 7-16　字段参数表

名称	类型	描述
Type	string	挎包信息,返回值为以下集合中的一个:{ 双肩包 , 斜挎包 , 手拎包 , 无包 }。
Probability	float	Type 识别概率值, [0.0,1.0], 代表判断正确的概率。如 0.8 则代表有 Type 值有 80% 概率正确

6. 腾讯云人体关键点分析 API

（1）应用场景。

人体关键点检测可以用于各个领域中对人体动作姿态的分析、预估及检测,主要应用于体育运动、驾驶行为分析等场景。

● 体育运动

根据人体关键点信息,分析人体姿态、运动轨迹、动作角度等,辅助运动员进行体育训练,分析健身锻炼效果,提升教学效率,如图 7-15 所示。

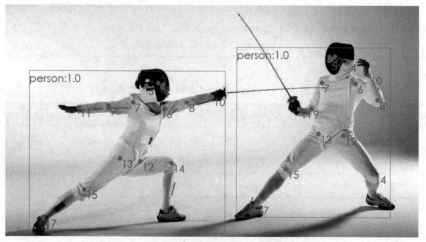

图 7-15　击剑运动中关键点分析的应用

● 驾驶行为分析

　　针对车载场景,识别驾驶员使用手机、抽烟、不系安全带、未佩戴口罩、闭眼、打哈欠、双手离开方向盘等动作姿态,分析预警危险驾驶行为,提升行车安全性。驾驶行为分析如图7-16所示。

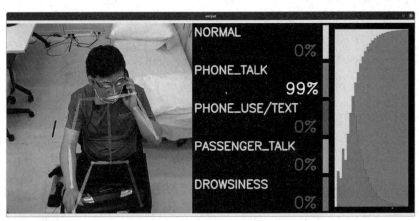

图 7-16　驾驶行为分析

（2）请求说明。

①请求 URL：https:// bda.tencentcloudapi.com。

②接口请求方式：POST。

③请求参数：

人体关键点分析业务请求参数见表 7-17。

表 7-17　人体关键点分析业务请求参数

名称	必选	类型	描述
Action	是	string	公共参数,本接口取值:DetectBodyJoints
Region	是	string	公共参数,本 API 支持 : ap-beijing, ap-guangzhou, ap-shanghai
Image	否	string	图片 base64 数据,base64 编码后大小不可超过 5 MB。 支持 png、jpg、jpeg、bmp,不支持 gif 图片
Url	否	string	图片的 Url 。 Url、Image 必须提供一个,如果都提供,只使用 Url。 图片分辨率须小于 2 000*2 000 ,图片 base64 编码后大小不可超过 5 MB 支持 png、jpg、jpeg、bmp,不支持 gif 图片
LocalBodySwitch	否	boolean	人体局部关键点识别,开启后对人体局部图片(例如部分身体部位)进行关键点识别,输出人体关键点坐标,默认不开启。 　若开启人体局部图片关键点识别,则业务响应参数 BoundBox、Confidence 返回为空

　　使用 Java 语言发送人体关键点分析 API 的请求,如代码 7-9 所示。

代码 7-9：Java 请求

```java
public class Demo5 {
    public static void main(String [] args) {
        try{
            Credential cred = new Credential("AKIDvjK", "we9SZTAh5H");
            BdaClient client = new BdaClient(cred, "ap-beijing");
            // 实例化一个请求对象，每个接口都会对应一个 request 对象
            DetectBodyJointsRequest req = new DetectBodyJointsRequest();
            req.setUrl("https://pixabay.com/get/g39e_480_1920.jpg");
            // 返回的 resp 是一个 DetectBodyJointsResponse 的实例，与请求对象对
应
            DetectBodyJointsResponse resp = client.DetectBodyJoints(req);
            // 输出 json 格式的字符串回包
            System.out.println(DetectBodyJointsResponse.toJsonString(resp));
        } catch (TencentCloudSDKException e) {
            System.out.println(e.toString());
        }
    }
}
```

使用 Python 语言发送人体关键点分析 API 的请求，如代码 7-10 所示。

代码 7-10：Python 请求

```python
try:
    # 填写 Access Key ID 和 Access Key Secret
    cred = credential.Credential("AKIDvjK", "we9SZTAh5H")
    client = bda_client.BdaClient(cred, "ap-guangzhou")
    req = models.DetectBodyJointsRequest()
    params = {
        "Url": "\"https://pixabay.com/get/g39e_480_1920.jpg\"",
        "LocalBodySwitch": False
    }
    req.from_json_string(json.dumps(params))
    # 返回的 resp 是一个 DetectBodyJointsResponse 的实例，与请求对象对应
    resp = client.DetectBodyJoints(req)
    print(resp.to_json_string())

except TencentCloudSDKException as err:
    print(err)
```

执行完代码 7-9 后，响应如下。

```json
{
  "Response": {
    "BodyJointsResults": [
      {
        "BodyJoints": [
          {
            "BodyScore": 0.8896484375,
            "KeyPointType": " 头部 ",
            "X": 1236.67578125,
            "Y": 567.19140625
          },
          ......
          {
            "BodyScore": 0.8193359375,
            "KeyPointType": " 左踝 ",
            "X": 1386.08984375,
            "Y": 1244.53515625
          }
        ],
        "BoundBox": {
          "Height": 932,
          "Width": 765,
          "X": 899,
          "Y": 405
        },
        "Confidence": 0.6071974039077759
      }
    ],
    "RequestId": "f79bea9b-0c22-4d3a-8aa1-925ef9850282"
  }
}
```

API 接口的响应中除了公共响应参数外，还包含业务响应参数，见表 7-18。

表 7-18　人体关键点分析业务响应参数

名称	类型	描述
BodyJointsResults	Array of BodyJointsResult	图中检测出的人体框和人体关键点,包含 14 个人体关键点的坐标,建议根据人体框置信度筛选出合格的人体,含有的字段见表 7-19

表 7-19　BodyJointsResults 字段参数表

名称	类型	描述
BoundBox	BoundRect	图中检测出来的人体框,含有的字段见表 7-20
BodyJoints	Array of KeyPointInfo	14 个人体关键点的坐标,含有的字段见表 7-21
Confidence	Float	检测出的人体置信度,在 0~1 之间,数值越高越准确

表 7-20　BoundRect 类型字段参数表

名称	类型	描述
X	integer	人体框左上角横坐标
Y	integer	人体框左上角纵坐标
Width	integer	人体宽度
Height	integer	人体高度

表 7-21　KeyPointInfo 类型字段参数表

名称	类型	描述
KeyPointType	string	代表不同位置的人体关键点信息,返回值为以下集合中的一个:[头部 , 颈部 , 右肩 , 右肘 , 右腕 , 左肩 , 左肘 , 左腕 , 右髋 , 右膝 , 右踝 , 左髋 , 左膝 , 左踝]
X	float	人体关键点横坐标
Y	float	人体关键点纵坐标
BodyScore	float	关键点坐标置信度,分数取值在 0~1 之间,阈值建议为 0.25,小于 0.25 认为在图中无人体关键点

人工智能识别检测系统应用腾讯人体分析 API 实现人像分割功能,根据用户上传的图片完成图片分割,并将分割之后的图像返回至页面上。系统页面效果如图 7-17 所示。

图 7-17 人像分割模块

第一步:打开编程软件(PyCharm),构建的项目结构如图 7-18 所示,body.html 为展示页面,用于上传用户图片以及显示效果,index.py 文件用于后台请求 API 获取信息。

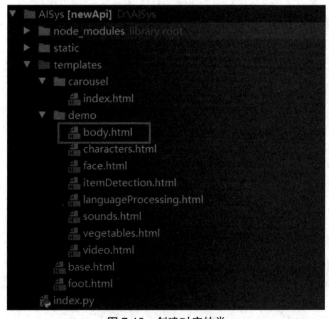

图 7-18 创建对应的类

第二步：编写 body.html，如代码 7-11 所示。

代码 7-11：body.html

```
{% include 'base.html' %}
<!----------------------------------- 主体 ------------------------------------->
<div class="container">
        <h5 class="font-weight-bold spanborder"><span> 人像分割 </span></h5>
        <div class="jumbotron jumbotron-fluid mb-3 pt-0 pb-0 bg-lightblue position-
relative">
                <div class="pl-4 pr-0 h-100 tofront">
                        <div class="row justify-content-between">
                                <div class="col-md-6 pt-6 pb-6 align-self-center">
                                        <h1 class="secondfont mb-3 font-weight-bold"> 人像分割模块
</h1>
                                        <p class="mb-5">
                                                对图片或视频中的人体轮廓范围进行识别，将其与背景
进行分离，返回分割后的二值图、灰度图、前景人像图等，实现背景图像的替换与合成。可
应用于人像抠图、照片合成、人像特效、背景特效等场景，大大提升图片和视频工具效率。
                                        </p>
                                        <div class="form-group btn btn-dark" style="width: 85%;">
                                                <form        action="http://localhost:5000/api/body"
method="POST" enctype="multipart/form-data">
                                                        <input type="file" name="file"/>
                                                        <input    type="submit"    value=" 人 像 分 割"
id="uploadBtn"/>
                                                </form>
                                        </div>

                                </div>
                                <div class="col-md-6 d-none d-md-block pr-0" style="background-
size:cover">
                                        <img       height="100%"       width="100%"       class="img-
responsive;center-block" src="data::base64,{{ img }}">
                                </div>
                        </div>
                </div>
        </div>
</div>
<!----------------------------------- 更多 ------------------------------------->
```

```
{% include 'foot.html' %}
</body>
</html>
```

第三步：编写 index.py，获取 access_token，编写跳转路由、发送请求，获取请求结果，筛选信息并返回至页面，如代码 7-12 所示。

代码 7-12：index.py

```
# 腾讯人体图像分析 API
# 使用 pip3 install tencentcloud-sdk-python 命令安装腾讯云 SDK
@app.route('/demo/body')
def body_template():
    img = r"D:\AISys\static\img\demo\renxiang.jpg"
    img = img2base64(img)
    return render_template("demo/body.html", img=img)
# 腾讯人体图像分析 API
@app.route('/api/body', methods=['GET', 'POST'])
def get_body():
    try:
        f = request.files['file']
        img = base64.b64encode(f.read()).decode()
        # 实例化一个认证对象，入参需要传入腾讯云账户 SecretId 和 SecretKey，此
处还需注意密钥对的保密
        # 代码泄露可能会导致 SecretId 和 SecretKey 泄露，并威胁账号下所有资源
的安全性。以下代码示例仅供参考，建议采用更安全的方式来使用密钥，请参见：https://
cloud.tencent.com/document/product/1278/85305
        # 密钥可前往官网控制台 https://console.cloud.tencent.com/cam/capi 进行获
取
        # SecretId 和 SecretKey
        cred    =    credential.Credential("AKIDCBwhFagW7RZeT4OVHrLdtz...",
"dy4ydCbkeJkCOPBh5GG...")
        # 实例化一个 http 选项，可选的，没有特殊需求可以跳过
        httpProfile = HttpProfile()
        httpProfile.endpoint = "bda.tencentcloudapi.com"
        # 实例化一个 client 选项，可选的，没有特殊需求可以跳过
        clientProfile = ClientProfile()
        clientProfile.httpProfile = httpProfile
        # 实例化要请求产品的 client 对象，clientProfile 是可选的
        client = bda_client.BdaClient(cred, "ap-beijing", clientProfile)
```

```
# 实例化一个请求对象，每个接口都会对应一个 request 对象
req = models.SegmentPortraitPicRequest()
params = {
    "Image": img
}
jsonstr = json.dumps(params)
req.from_json_string(jsonstr)
# 返回的 resp 是一个 SegmentPortraitPicResponse 的实例，与请求对象对应
resp = client.SegmentPortraitPic(req)
# 输出 json 格式的字符串回包
print(resp.to_json_string())
result = resp.to_json_string()
result_json = json.loads(result)
ResultShowImage = result_json["ResultImage"]
return render_template("demo/body.html", img=ResultShowImage)
except TencentCloudSDKException as err:
print(err)
return render_template("demo/body.html", img="")
```

第四步：运行系统，上传图片，如图 7-19 所示。

图 7- 19　图像分割素材

第五步：经分割之后，获得的效果如图 7-20 所示，将图片部分进行识别切割用于抠图合成等。

图 7-20　上传图像分割效果

在本次任务中,读者完成了人工智能识别检测系统人像分割构建,为下一阶段的学习打下了坚实的基础,了解了如何调用腾讯人体分析 API 的人像分割功能完成需求功能,加深了对 API 相关概念的了解,掌握了基本的 API 技术。

region	区域
scene	场景
probability	可能性
dump	丢弃
client	客户
action	行动
config	配置
option	选择

cloud   云
common   常见的

一、选择题

1. 下列关于人体分析概念错误的是（   ）。

A. 分离出图片或视频中的人体

B. 可识别出人体外貌

C. 不能识别出人体体态

D. 基于机器学习的识别并分析人体的技术

2. 下列说法不正确的是（   ）。

A. 行人检测是利用人体识别与分析技术，判断图像或者视频序列中是否存在行人并给予精确定位

B. 运动分析的作用，是对视频输入的人体运动进行处理，通过对人体运动的跟踪，来进行人体运动分割和运动参数的估计。

C. 在体感游戏中，用户不必像传统游戏一样，通过点击按键与游戏进行交互，而是可以通过肢体动作来进行游戏操作。

D. 游戏程序通过摄像头来捕捉玩家动作，并根据玩家的动作来识别是不是玩家影像。

3. 腾讯云 API 请求头中需要包含公共请求字段（   ）。

A. Authorization   B. Result

C. Name   D. Image

4. 关于腾讯云人像分割 API 请求参数，以下说法正确的是（   ）。

A. Action   返回图像方式   B. Image   图片 base64 数据

C. Url 适用的场景类型   D. Region   图片的 Url

5. 腾讯云人体关键点分析 API 中能够完成（   ）。

A. 获取属性信息   B. 进行人像分割

C. 分析人体姿态   D. 获取人体着装、携带物品等

二、填空题

1. 人体分析是一种基于机器学习的识别并 _____ 的技术，该技术使用机器学习算法来识别并分离出图片或视频中的人体。

2. 人体分析是 _____、视频监控、人机交互等诸多领域的理论基础。

3. 目前，主流的人体分析 API 可以根据用户提交的 _____ 数据，实现人像分割、人体检测与分析等应用。

4. 行人检测是利用 _____ 与分析技术，判断图像或者视频序列中是否存在行人并给予精确定位。

5.运动分析的作用,是对视频输入的 _____ 进行处理,通过对人体运动的跟踪,来进行人体运动分割和运动参数的估计。

三、简答题

1.人体分析的基本概念是什么?

2.人体分析 API 应用场景有哪些?

项目八 人工智能识别检测系统视频审核构建

通过学习视频审核 API 接口相关知识,读者可以了解视频审核的基本概念,熟悉视频审核在各领域的相关应用,掌握百度视频审核 API 的使用方法及调用过程,具有使用视频审核 API 接口实现人工智能识别检测系统视频审核构建的能力,在任务实施过程中:

- 了解视频审核的基本概念;
- 熟悉视频审核 API 应用场景;
- 掌握百度视频审核 API 调用方法;
- 具有使用 API 接口完成业务功能的能力。

【情景导入】

随着互联网的快速发展,互联网中产生了海量信息,一些不法分子借由网络平台传递虚假新闻、低俗色情内容、虚假广告等,不仅影响了平台的健康发展,也扰乱了互联网空间的正常秩序。随着国家主管部门对互联网内容监管的加强,内容风控布局已成为各大互联网平台的一项重要工作 。人工智能技术也可以用于视频内容的审核,可通过建立自定义素材库增强审核效果,减轻人工审核的压力,提高效率。本项目通过对人工智能识别检测系统视频审核构建,使读者了解视频审核 API 的具体使用方法。

【功能描述】

- 构建人工智能识别检测系统视频审核显示页面;
- 构建百度视频审核签名算法及调用方法;
- 获取筛选百度视频审核结果。

课程思政:数据安全,坚守底线

随着互联网的快速发展、信息化程度的不断提升和数据时代的到来,数据的留存节点和区域变得繁杂,流动量呈现指数级增长,使用方式也不断多样化,数据安全作为独立的安全体系需要被重新定义。只有保证国家的数据安全,保护个人信息和商业秘密,才能促进数据高效流通使用、赋能实体经济。党的二十大报告中指出,坚持安全第一、预防为主,建立大安全大应急框架,完善公共安全体系,推动公共安全治理模式向事前预防转型……加强个人信息保护。我们在学习的过程中,要牢固树立法制观念,遵守行业规范,培养使命感和社会责任感,将维护数据安全作为不可突破的底线。

技能点 1　视频审核基本概念

"内容风控"即"互联网内容风险防控"。内容风险防控的主体主要是互联网内容,包括文本、图像、音频和视频。常见的内容风险包括政治、暴力、恐惧、禁止、广告等类别。内容审核示意图，如图 8-1 所示。

视频是由图像和音频组成的。人工智能技术对视频、图像、声音和文字进行分割，在各个方向进行分析和过滤审核。根据需要，每隔 3 秒或 5 秒拍摄一次视频图像，然后对拍摄的图像进行审核。对于视频中的音频，单独应用语音模型进行处理验证。对于视频文本，包括视频标题、视频简介、用户评论、弹幕等，通过文本过滤模板进行验证。对于图像中的字幕通常会采用文字识别技术，将字幕识别为图像主体，将原画面识别为背景，提取文本信息后进行验证。

视频审核示意图，如图 8-2 所示。

图 8-1　内容审核

图 8-2　视频审核

技能点 2　视频审核应用场景

随着互联网的飞速发展，网络上的信息也在迅速增长，其中也存在着一些不良信息。内容审核是指对用户上传到网站上的图片、文字和视频进行内容审核。包括以下几个方面。

1）电商平台 / 新零售 / 二手市场

视频审查为交易平台提供了在商品供应、商标侵权、广告投放、百度动态词汇反馈、商标标识等方面的审核服务，提升了审核标准，在解决了平台后顾之忧的同时，也大幅降低了后台团队的成本。电商平台 / 新零售 / 二手市场示意图如图 8-3 所示。

2）视频直播 / 音频直播

在视频和音频直播场景中，直播人员可以实时分享，用户可以实时互动。信息传递到客户端只需要很短的时间。"实时"成为直播平台的最大特色。"实时内容审核"也正在成为直播平台的一项职责。百度智能云媒体内容审核，可为直播平台提供视频直播、音频直播和直播吧的审核服务，7×24 小时在线监控，杜绝不合规内容。视频直播 / 音频直播示意图如图 8-4 所示。

图 8-3　电商平台 / 新零售 / 二手市场

图 8-4　视频直播 / 音频直播

3）视频平台 / 论坛 / 社交 APP

使用智能媒体内容审核服务，可以对视频、语音、图片、文本等全媒体类型进行全维度筛查，人工只需复审机器结果，在确保内容安全的同时，有效控制了成本。社交 APP 示意图如图 8-5 所示。

4）少儿教育 / 直播课堂 / 成人教育

在线教育的受众日益增长。内容安全已成为教育机构、家长和师生关注的重要问题。许多课程视频、插图教程甚至现场课程都需要人工验证。智能多媒体内容审核支持跨维度、跨媒体的内容过滤和分析，保障教育领域的内容安全，在线教育示意图如图 8-6 所示。

图 8-5　社交 APP

图 8-6　在线教育

5）广电 / 报业 / 新闻 / 广告

传媒业，尤其是传统成熟的媒体公司，积累了大量的媒体历史数据，并不断产生新的数据，人工审核很难完成对海量数据的实时监控。内容审核服务可以根据实时监管政策和舆论动向，为媒体公司智能检测敏感人物 / 事件、娱乐明星、内容风险游戏等。广电 / 报业 / 新闻 / 广告示意图如图 8-7 所示。

图 8-7　广电 / 报业 / 新闻 / 广告

技能点 3　百度视频内容安全 API 调用

百度视频内容安全基于图像、文本、语音技术方面的综合审核能力,准确过滤视频中的色情、虚假广告等违规内容,也能从美观、清晰等维度对视频进行筛选,紧贴业务需求,提升视频审核效率,如图 8-8 所示。

图 8-8　百度视频内容安全

百度视频内容安全请求 URL 见表 8-1。调用每个接口时,只需按照要求对照表中 URL 进行请求,获取返回参数。

表 8-1　百度视频内容安全请求 URL

请求 URL 内容	说明
短视频审核	https://aip.baidubce.com/rest/2.0/solution/v1/video_censor/v2/user_defined
长视频审核	https://aip.baidubce.com/rest/2.0/solution/v1/video_censor/v1/video/submit
	https://aip.baidubce.com/rest/2.0/solution/v1/video_censor/v1/video/pull

1. 短视频审核 API

短视频审核 API 用于针对 5 分钟内的短视频文件,同步识别画面、文字内容,检测色情、违禁、低俗辱骂、恶意推广等违规内容,高效过滤不良视频。

(1)应用场景。

采用百度色情识别、图文审核等技术,对视频、直播的截帧图像进行实时自动审核,在快速高效过滤违规内容的同时保证良好的用户体验。应用场景示例如图 8-9 所示。

(2)短视频审核 API 所需请求 URL、接口请求方式、请求参数如下所示。

①请求 URL:https://aip.baidubce.com/rest/2.0/solution/v1/video_censor/v2/user_defined。

②接口请求方式：POST。

③请求参数主要为 name、videoUrl、extId，具体含义见表8-2。

图 8-9 应用场景示例——视频直播

表 8-2 短视频审核 API 请求参数

参数	是否必选	类型	说明
name	Y	string	视频名称
videoUrl	Y	string	视频主 URL 地址，若主 Url 无效或抓取失败，则依次抓取备用地址 videoUrl2、videoUrl3、videoUrl4，若全部抓取失败则审核失败
videoUrl2	N	string	视频备用 URL 地址
videoUrl3	N	string	视频备用 URL 地址
videoUrl4	N	string	视频备用 URL 地址
extId	Y	string	视频在用户平台的唯一 ID，方便人工审核结束时进行数据推送，用户利用此 ID 唯一锁定一条平台资源，若无可填写视频 Url
extInfo	N	JsonArray	用户自定义字段，用户可以在此字段中添加自定义字段，此字段会展示在审核员页面以帮助审核人员更好地判断视频内容是否合规
+subject	Y	string	主题描述
+fields	Y	JsonArray	字段列表
++title	Y	string	字段名称
++value	Y	string	字段值

了解了请求 URL、接口的请求方式、请求参数之后，学习如何使用该接口完成实际的需求。在编写请求 URL 时必填参数中有 name、videoUrl 和 extId，使用这 3 个参数获取 access_token，用于获取数据，应用短视频审核 API 的具体实现步骤如下所示。

第一步：使用百度账号登录百度智能云平台（https://console.bce.baidu.com/），控制台如

图 8-10 所示。

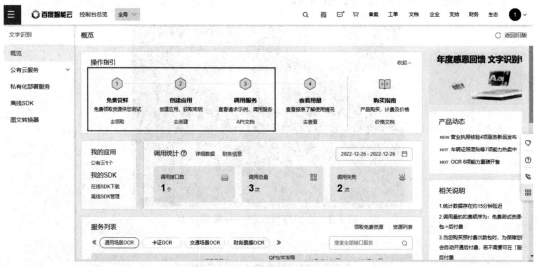

图 8-10 登录百度智能云平台

第二步：根据操作指引完成领取测试接口、创建应用和调试服务。以短视频审核为例，点击“去领取”。如图 8-11 所示。

内容审核

接口名称：全部 内容审核平台-图像 内容审核平台-文本 长视频审核 人机审核平台-拉取审核结果 内容审核平台-篇章 短音频同步审核 音频文件异步审核 音频流审核 视频流审核

赠送资源：完成企业认证，可领取更多免费测试资源。立即认证

接口服务	未实名认证	个人认证	企业认证	有效期
内容审核平台-图像	调用量：-；QPS/并发：-	调用量：总量10000次；QPS/并发：2qps	调用量：总量50000次；QPS/并发：2qps	365天
内容审核平台-文本	调用量：-；QPS/并发：-	调用量：总量50000次；QPS/并发：2qps	调用量：总量250000次；QPS/并发：5qps	365天
长视频审核	调用量：-；QPS/并发：-	调用量：总量2万点；QPS/并发：3并发	调用量：总量5万点；QPS/并发：5并发	180天
人机审核平台-拉取审核结果	调用量：-；QPS/并发：-	调用量：500次/天；QPS/并发：5qps	调用量：500次/天；QPS/并发：5qps	365天
内容审核平台-篇章	调用量：-；QPS/并发：-	调用量：500次/天；QPS/并发：5qps	调用量：500次/天；QPS/并发：5qps	365天
短音频同步审核	调用量：-；QPS/并发：-	调用量：总量1000次；QPS/并发：3qps	调用量：总量2000次；QPS/并发：5qps	180天
音频文件异步审核	调用量：-；QPS/并发：-	调用量：总量10小时；QPS/并发：3并发	调用量：总量20小时；QPS/并发：5并发	180天
音频流审核	调用量：-；QPS/并发：-	调用量：总量10小时；QPS/并发：3并发	调用量：总量20小时；QPS/并发：5并发	180天
视频流审核	调用量：-；QPS/并发：-	调用量：总量2万点；QPS/并发：3并发	调用量：总量5万点；QPS/并发：5并发	180天

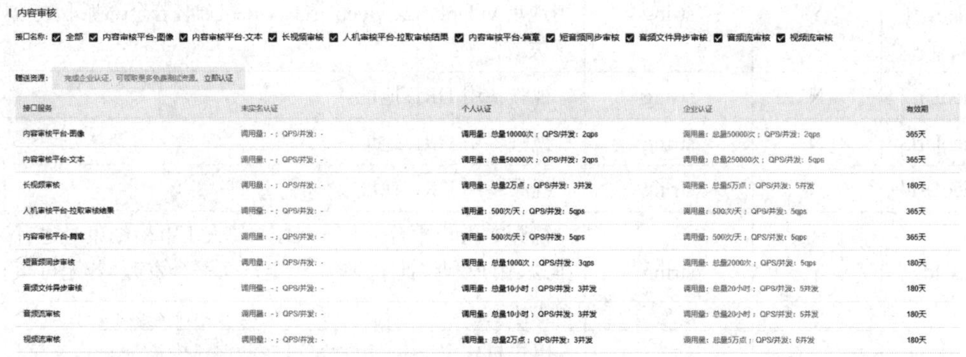

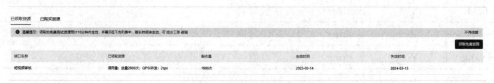

图 8-11 领取资源

第三步：领取完成后会跳转至“已领取资源”，在该界面可查看相应接口调用资源，如图 8-12 所示。

已领取资源 已购买资源

接口名称	已领取资源	剩余量	生效时间	失效时间
短视频审核	调用量：总量2000次；QPS/并发：2qps	1996次	2023-03-14	2024-03-13

图 8-12 已领取资源列表

第四步：通过“创建应用”，创建新应用，填写应用名称、接口选择、应用归属（选择个人）、应用描述，点击“立即创建”。如图 8-13 所示。

图 8-13　创建应用

第五步：配置短视频审核策略，创建完应用后回到内容审核平台，在策略中心（https://ai.baidu.com/censoring#/strategylist）选择对应的应用，并在右侧点击创建策略，如图 8-14所示。

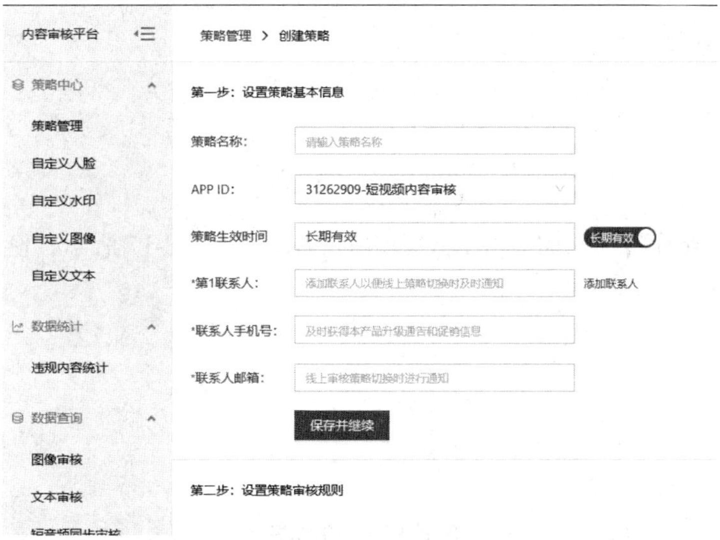

图 8-14　配置审核策略

第六步：编辑短视频审核策略，设置抽帧频率，针对不同时长区间的短视频设置不同的抽帧频率，如图 8-15 所示。

图 8-15　编辑短视频审核策略

第七步：启用策略，鼠标悬停在对应策略上以后，在"状态"栏下点击三角形启用按钮，将策略置为启用，如图 8-16 所示。

图 8-16　启用策略

第八步：在可看到相应的 API Key 和 Secret Key，如图 8-17 所示。使用 API Key 和 Secret Key 可获取 access_token。

图 8-17　应用详情

第九步：以 Java 为例，使用 API Key 和 Secret Key 获取 access_token，如代码 8-1 所示。

代码 8-1：Java 获取 access_token

```java
public class getAccessToken {
    public static String getAuth() {
        // 官网获取的 API Key 更新为你注册的
        String clientId = "vRHRFx9EcPViepaMqXbxxWnW";
        // 官网获取的 Secret Key 更新为你注册的
        String clientSecret = "cy3Vxu04jiTGqxH4lYz8Uhk6CzOvHSI0";
        return getAuth(clientId, clientSecret);
    }
    public static String getAuth(String ak, String sk) {
        // 获取 token 地址
        String authHost = "https://aip.baidubce.com/oauth/2.0/token?";
        String getAccessTokenUrl = authHost
                // 1. grant_type 为固定参数
                + "grant_type=client_credentials"
                // 2. 官网获取的 API Key
                + "&client_id=" + ak
                // 3. 官网获取的 Secret Key
                + "&client_secret=" + sk;
        try {
            URL realUrl = new URL(getAccessTokenUrl);
            // 打开和 URL 之间的连接
            HttpURLConnection connection = (HttpURLConnection) realUrl.openConnection();
            connection.setRequestMethod("GET");
            connection.connect();
            // 获取所有响应头字段
            Map<String, List<String>> map = connection.getHeaderFields();
            // 遍历所有响应头字段
            for (String key : map.keySet()) {
                System.err.println(key + "--->" + map.get(key));
            }
            // 定义 BufferedReader 输入流来读取 URL 的响应
            BufferedReader in = new BufferedReader(new InputStreamReader(connection.getInputStream()));
            String result = "";
            String line;
```

```java
            while ((line = in.readLine()) != null) {
                result += line;
            }
            /**
             * 返回结果示例
             */
            System.err.println("result:" + result);
            JSONObject jsonObject = new JSONObject(result);
            String access_token = jsonObject.getString("access_token");
            return access_token;
        } catch (Exception e) {
            System.err.printf(" 获取 token 失败！");
            e.printStackTrace(System.err);
        }
        return null;
    }
}
```

成功发送请求获取 access_token 数据之后，即可实现后续上传视频完成审核返回信息的操作。

第十步：编写 Java 请求代码示例，如代码 8-2 所示。

代码 8-2：Java 请求主体

```java
public class testAPI {
    static String getFileContentAsBase64(String path) throws IOException {
        byte[] b = Files.readAllBytes(Paths.get(path));
        return Base64.getEncoder().encodeToString(b);
    }
    public static String advancedGeneral() {
        // 请求 url
        String url = "https://aip.baidubce.com/rest/2.0/solution/v1/video_censor/v2/user_defined";
        try {
            String param = "name=" + " 开会 " + "&extId=" + "https://vd4.bdstatic.com/mda-pc99muh3mxsxm5ka/sc/cae_h264/1678431530661598996/mda-pc99muh3mxsxm5ka.mp4?v_from_s=hkapp-haokan-hbe&auth_key=1678776600-0-0-6e13b3f17290e19f63f22f28ac6920c8&bcevod_channel=searchbox_feed&pd=1&cd=0&pt=3&logid=1200708018&vid=11249491437548968638&abtest=107354_1-107353_1&klogid=1200708018" + "&videoUrl=" + "https://vd4.bdstatic.com/mda-pc99muh3mxsxm5ka/sc/cae_
```

```
h264/1678431530661598996/mda-pc99muh3mxsxm5ka.mp4?v_from_s=hkapp-haokan-
hbe&auth_key=1678776600-0-0-6e13b3f17290e19f63f22f28ac6920c8&bcevod_
channel=searchbox_feed&pd=1&cd=0&pt=3&logid=1200708018&vid=112494914375489686
38&abtest=107354_1-107353_1&klogid=1200708018";
                // 注意，这里为了简化编码，每一次请求都去获取 access_token，线上环
        境 access_token 有过期时间，客户端可自行缓存，过期后重新获取。
                String accessToken = new getAccessToken().getAuth();;
                String result = HttpUtil.post(url, accessToken, param);
                System.out.println(result);
                return result;
            } catch (Exception e) {
                e.printStackTrace();
            }
            return null;
        }
        public static void main(String[] args) {
            testAPI.advancedGeneral();
        }
    }
```

对于短视频审核 API 返回参数，依据 ID 将相关信息的数据以 JSON 形式进行返回，见表 8-3。

表 8-3　短视频审核 API 返回参数

字段	类型	是否必选	说明
log_id	long	Y	调用唯一 ID
error_code	uint64	N	服务调用错误码，失败才返回，成功不返回
error_msg	string	N	服务调用提示信息，失败才返回，成功不返回
conclusion	string	N	审核结果描述，可取值：合规、不合规、疑似
conclusionType	int	N	审核结果，可取值：1 合规，2 不合规，3 疑似，4 审核失败
isHitMd5	boole	N	是否命中视频黑库 MD5 提示，true: 命中 false: 未命中
msg	string	N	命中 MD5 提示
frames	JsonArray	N	帧审核明细
+frameTimeStamp	long	N	帧时间戳
+conclusion	long	N	帧审核结果描述，可取值：合规、不合规、疑似
+conclusionType	int	N	帧审核结果，可取值：1 合规，2 不合规，3 疑似，4 审核失败

字段	类型	是否必选	说明
+frameUrl	string	N	帧 Url 地址
+frameThumbnailUrl	string	N	帧缩略图 Url 地址
+data	JsonArray	N	各维度明细审核结果

同样，使用 Python 语言完成短视频审核功能只需修改核心代码部分，即获取 access_token 和发送请求部分，完成效果与 Java 语言实现一致。

使用 Python 语言完成 access_token 获取，如代码 8-3 所示。

代码 8-3：Python 获取 access_token

```python
idef get_access_token():
    # 获取 access_token，每项功能的 id 和 secret 不同，根据需求修改
    client_id = "Saz6yhGr8EZuNx..."
    client_secret = "0jcNnPO32kii5jhat5DGVLf..."
    # client_id 为官网获取的 AK，client_secret 为官网获取的 SK
    host = "https://aip.baidubce.com/oauth/2.0/token?grant_type=client_credentials&client_id=" + client_id + "&client_secret=" + client_secret
    response = requests.get(host)
    if response:
        print(response.json())
    # 获取响应内容
    parsed_json = json.loads(str(response.json()).replace("'", "\""))
    access_token = parsed_json.get('access_token')`
    str_access_token = str(access_token)
    print("access_token:" + access_token)
    return str_access_token
```

Python 请求主体如代码 8-4 所示。

代码 8-4：Python 请求主体

```python
# encoding:utf-8
import requests
'''
短视频审核接口
'''
# 请求 URL，根据不同的 API 修改此处即可完成调用
request_url = "https://aip.baidubce.com/rest/2.0/solution/v1/video_censor/v2/user_defined"
```

```
params        =        {"extId":"https://vd4.bdstatic.com/mda-pc99muh3mxsxm5ka/sc/cae_h264/
1678431530661598996/mda-pc99muh3mxsxm5ka.mp4?v_from_s=hkapp-haokan-hbe&auth_
key=1678776600-0-0-6e13b3f17290e19f63f22f28ac6920c8&bcevod_channel=searchbox_feed
&pd=1&cd=0&pt=3&logid=1200708018&vid=11249491437548968638&abtest=107354_1-
107353_1&klogid=1200708018","name":" 开 会 ","videoUrl":"https://vd4.bdstatic.com/mda-
pc99muh3mxsxm5ka/sc/cae_h264/1678431530661598996/mda-pc99muh3mxsxm5ka.mp4?v_
from_s=hkapp-haokan-hbe&auth_key=1678776600-0-0-6e13b3f17290e19f63f22f28ac6920c8
&bcevod_channel=searchbox_feed&pd=1&cd=0&pt=3&logid=1200708018&vid=1124949143
7548968638&abtest=107354_1-107353_1&klogid=1200708018"}
    # 调取第六步获取 access_token
    access_token = get_access_token()
    # 拼接请求 URL
    request_url = request_url + "?access_token=" + access_token
    headers = {'content-type': 'application/x-www-form-urlencoded'}
    response = requests.post(request_url, data=params, headers=headers)
    if response:
        print (response.json())
```

2. 长视频审核 API

长视频审核 API 用于检测识别长视频文件中的人物、场景、物品、文字信息,精准过滤色情低俗、违禁违规、血腥不适等不良内容,支持时长 2 小时内、大小 2 GB 内的视频文件。长视频审核示意图如图 8-18 所示。

(1)应用场景。

在社交应用中存在大量的色情、广告视频,让应用面临监管风险。接入百度视频审核服务,对实时聊天和帖子中的敏感视频进行高效过滤审核,降低业务违规风险。视频审核结果示意如图 8-19 所示。

图 8-18　长视频审核

(　　　　　　- 投稿序号：　　　　　　)
未能通过审核且被锁定（锁定稿件无法被编辑）。原因：该视频内容含有影响未成年人身心健康成长的内容，不予审核通过。如有疑问请通过稿件申诉进行反馈 您可以编辑稿件重新投稿,或者对审核结果进行申诉。

查看详情　　　　　　　　　　　　＞

图 8-19　视频审核结果

(2)长视频审核 API 分为所提交视频审核任务和拉取视频审核结果两部分,需请求URL、请求参数详情如下所示。

①提交视频审核任务。

请求 URL 为 https://aip.baidubce.com/rest/2.0/solution/v1/video_censor/v1/video/submit。请求参数主要为 url 和 extId,具体含义见表 8-4。

表 8-4　提交视频审核任务请求参数

参数	是否必选	类型	说明
appid	N	long	应用 ID
strategyId	N	long	策略 ID
url	Y	string	视频地址
noticeUrl	N	string	通知地址,用于用户接收百度推送的审核结果。用户调用接收结果接口以接收审核结果时必填,调用获取结果接口以获取审核结果时无须填写
frequency	N	integer	抽帧频率,默认 5 s 一帧,抽帧频率可在内容审核平台—策略中心配置
extId	Y	string	用户侧视频唯一标识
subEvents	N	string	接收通知的审核结论数据(1 是合规、2 是违规、3 是疑似、4 是审核失败),之间用英文逗号分隔,默认是 2,3(代表通知推送审核结论是违规和疑似的数据)

提交视频审核任务 Java 请求代码与短视频 API 中部分代码一致,此处仅展示部分不同代码,如代码 8-5 所示。

代码 8-5:Java 请求

```java
public class testAPI {
    ...
public static String advancedGeneral() {
        // 请求 url
        ...
        return null;
    }
    public static void main(String[] args) {
        testAPI.advancedGeneral();
    }
}
```

代码中的网络视频如图 8-20 所示。

图 8-20　图像单主体检测上传图片

执行代码发送请求后,会收到返回参数,如下所示。

```
{
    "data": {
        "queueSize": 0,
        "taskId": "16789318163664778"
    },
    "logId": 16789318163664778,
    "msg": "success",
    "ret": "0"
}
```

对于提交视频审核任务返回参数,依据 ID 将相关信息的数据以 JSON 形式进行返回,见表 8-5。

表 8-5　提交视频审核任务返回参数

字段	是否必选	类型	说明
logId	Y	long	请求唯一 id,用于问题排查
msg	N	string	详细描述结果
ret	Y	int	响应状态码,可取值:0 为处理成功,其他为处理失败
data	Y	JSONObject	结果详情
+taskId	Y	string	本次任务的唯一标识,可根据该标识查询审核详情
+queueSize	Y	int	队列长度,达到并发处理上线后,后续提交任务进入该队列

②拉取视频审核结果。

请求 URL 为 https://aip.baidubce.com/rest/2.0/solution/v1/video_censor/v1/video/pull。

请求参数主要为 taskId,具体含义见表 8-6。

表 8-6　拉取视频审核结果请求参数

参数	是否必选	类型	说明
taskId	Y	string	任务唯一标识
appid	N	long	应用 Id, 用于确定有没有权限查询这个 taskId
subEvents	N	string	拉取对应的审核结论的数据（1 是合规, 2 是违规, 3 是疑似, 4 是审核失败），之间用英文逗号分隔，默认是 2,3（代表通知推送审核结论是违规和疑似的数据）

　　拉取视频审核结果 Java 请求代码与提交视频审核任务中部分代码一致，此处仅展示部分不同代码，如代码 8-6 所示。

代码 8-6：Java 请求

```java
public class testAPI {
    ...
public static String advancedGeneral() {
    // 请求 url
    String url = "https://aip.baidubce.com/rest/2.0/solution/v1/video_censor/v1/video/pull";
        ...
    return null;
    }
    public static void main(String[] args) {
        testAPI.advancedGeneral();
    }
}
```

　　执行代码发送请求后，会收到返回参数，如下所示。

```json
{
   "data": {
     "conclusion": " 合规 ",
     "extra_info": "",
     "taskDuration": 255,
     "conclusionType": 1,
     "taskId": 16789318163664778
   },
   "logId": 16789323194721981,
   "msg": "success",
   "ret": "0"
}
```

　　对于拉取视频审核结果返回参数，依据 ID 将相关信息的数据以 JSON 形式进行返回，见表 8-7。

表 8-7　拉取视频审核结果返回参数

字段	类型	是否必选	说明
log_id	long	Y	调用唯一 ID
error_code	uint64	N	服务调用错误码,失败才返回,成功不返回
error_msg	string	N	服务调用提示信息,失败才返回,成功不返回
conclusion	string	N	审核结果描述,可取值:合规、不合规、疑似
conclusionType	int	N	审核结果,可取值:1 合规,2 不合规,3 疑似,4 审核失败
isHitMd5	boole	N	是否命中视频黑库 MD5 提示,true: 命中 false: 未命中
msg	string	N	命中 MD5 提示
frames	JsonArray	N	帧审核明细
+frameTimeStamp	long	N	帧时间戳
+conclusion	long	N	帧审核结果描述,可取值:合规、不合规、疑似
+conclusionType	int	N	帧审核结果,可取值:1 合规,2 不合规,3 疑似,4 审核失败
+frameUrl	string	N	帧 Url 地址
+frameThumbnailUrl	string	N	帧缩略图 Url 地址
+data	JsonArray	N	各维度明细审核结果

人工智能识别检测系统应用百度 AI 开放平台实现视频审核功能,用户可上传视频完成对于视频的审核,并将审核的结果显示在页面上。页面效果如图 8-21 所示。

第一步:打开编程软件(PyCharm),构建的项目结构如图 8-22 所示, video.html 为展示页面,用于用户上传检测图片以及显示效果,index.py 文件用于后台请求 API 获取信息。

图 8-21　视频审核模块

图 8-22　项目结构

第二步：编写 video.html，如代码 8-7 所示。

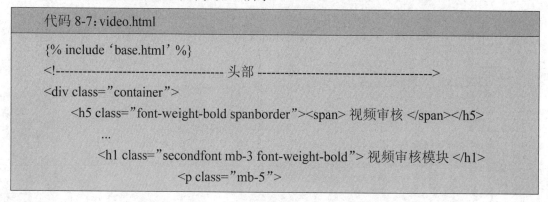

```
代码 8-7：video.html

{% include 'base.html' %}
<!------------------------------------- 头部 ------------------------------------->
<div class="container">
    <h5 class="font-weight-bold spanborder"><span> 视频审核 </span></h5>
        ...
        <h1 class="secondfont mb-3 font-weight-bold"> 视频审核模块 </h1>
            <p class="mb-5">
```

```
                                    短视频接口针对 5 分钟以内的短视频,实时返回检测结果
                        </p>
                        <p class="mb-3">
                            {% for i in result_list %}
                                <div>  {{ i }} </div>
                            {% endfor %}
                        </p>
                        <div class="form-group btn btn-dark"
                            style="width: 90%">
                            <form       action="http://localhost:5000/api/video"
method="POST" enctype="multipart/form-data">
                                <div class="form-group">
                                    <input      class="form-control"      type="text"
name="videoName" id="videoName" placeholder="视频名称"/>
                                </div>
                                <div class="form-group">
                                    <input placeholder="视频 URL" class="form-
control" type="text" name="videoUrl" id="videoUrl"/>
                                </div>
                                <input     type="submit"     value="检 测 识 别"
id="uploadBtn"/>
                            </form>
                        </div>
    ...
    <!----------------------------------- 主要 ----------------------------------->
    <!----------------------------------- 尾部 ----------------------------------->
    {% include 'foot.html' %}
    </body>
    </html>
```

第三步:编写 index.py,获取 access_token,编写跳转路由、发送请求,获取请求结果,筛
选信息并返回至页面,如代码 8-8 所示。

代码 8-8: index.py

```
# 获取 access_token
def get_access_token(param):
    client_id = " "
    client_secret = " "
    ...
```

```
if param == "video":
        client_id = "aM4cGnY6ynz..."
        client_secret = "hbq9qaW54lmw..."
    # client_id 为官网获取的 AK，client_secret 为官网获取的 SK
    host        =        "https://aip.baidubce.com/oauth/2.0/token?grant_type=client_
credentials&client_id=" + client_id + "&client_secret=" + client_secret
    ...
    return str_access_token
# 视频审核 API 路由
@app.route( '/demo/video' )
def video_template():
    return render_template("demo/video.html")


# 视频审核 API 主体
@app.route( '/api/video', methods=[ 'GET', 'POST' ])
def get_video():
    result_list = []
    # 获取视频 URL 和视频 name
    videoUrl = request.form[ 'videoUrl' ]
    videoName = request.form[ 'videoName' ]
    request_url = "https://aip.baidubce.com/rest/2.0/solution/v1/video_censor/v2/user_defined"
    params = {"extId": videoUrl, "name": videoName, "videoUrl": videoUrl}
    access_token = get_access_token("video")
    request_url = request_url + "?access_token=" + access_token
    headers = { 'content-type' : 'application/x-www-form-urlencoded' }
    response = requests.post(request_url, data=params, headers=headers)
    if response:
        print(response.json())
    result = response.json()
    # 审核结果描述
    results = result["conclusion"]
    for item in result.get("conclusionTypeGroupInfos"):
        msg = item[ 'msg' ]    # 提取文字
        result_list.append(msg)
        print(result_list)
    return render_template("demo/video.html", result=results, result_list=result_list)
```

第四步：运行系统，输入视频名称以及视频 URL，如图 8-23 所示。

图 8-23　人工智能识别检测——视频审核模块

第五步：点击"识别检测"，可分析出上传视频是否能够通过审核，此处返回测试视频的审核结果，效果如图 8-24 所示。

图 8-24　视频审核效果

在本次任务中，读者体验了百度智能云短视频审核 API，了解了如何调用百度智能云短视频审核 API 接口完成需求功能，加深了对 API 相关概念的了解，掌握了基本的 API 技术。

video review	视频审核
sham	伪装

fear	恐惧
advertising	广告
scene	场景
risk prevention and control	风险防控
violence	暴力
ban	禁止
real-time supervision	实时监管
get out of line	违规

一、选择题

1. 下列关于视频审核错误的是（　　　　）。

A. "内容风控"即"互联网内容风险防控"

B. 内容风险防控的主体主要是互联网内容,包括文本、图像、音频和视频

C. 常见的内容风险包括政治、暴力、恐惧、禁止、广告等类别

D. 视频是由图像和文本组成的

2. 短视频审核 API 请求参数不正确的是（　　　　）。

A. name　　　　　　　B. videoUrl　　　　　　C. image_url　　　　　D. extId

3. 短视频审核 API 返回参数不包括哪个（　　　　）。

A. log_id　　　　　　　B. error_code　　　　　C. conclusion　　　　　D. image

4. 拉取视频审核请求参数不正确的是（　　　　）。

A. url　　　　　　　　B. api_secret　　　　　　C. extId　　　　　　　D. noticeUrl

5. 拉取视频审核返回参数不包括哪个（　　　　）。

A. taskId　　　　　　　B. api_secret　　　　　C. appid　　　　　　　D. subEvents

二、填空题

1. 视频是由 ＿＿＿＿＿ 和 ＿＿＿＿＿ 组成的。

2. 对于视频文本,包括视频标题、视频简介、用户评论、弹幕等,通过 ＿＿＿＿＿ 过滤模板进行验证。

3. 对于图像中的字幕通常会采用 ＿＿＿＿＿ 技术,将字幕识别为图像主体,将原画面识别为背景,提取文本信息后进行验证。

三、简答题

1. 视频审核的基本概念是什么?

2. 视频审核 API 应用场景有哪些?